成功經理
啟示錄

成功經理
啟示錄

何順文博士 饒美蛟教授 主編

臺灣商務印書館發行

作 者 簡 介

*何順文博士　香港中文大學會計學院高級講師兼

《香港工商管理學報》總編輯

　李天生博士　香港中文大學決策科學與企業經濟

學系講師

　敖恒宇博士　香港中文大學管理學系講師

　溫振昌博士　香港中文大學管理學系講師

　劉忠明博士　香港中文大學管理學系講師

　謝清標博士　香港中文大學市場學系講師

*饒美蛟教授　香港中文大學管理學系講座教授

　*爲本書主編

編 者 序

　　本書的出版可追溯至 1994 年初。當時的
《Recruit》總編輯**張珝于**小姐主動聯絡中大商學院院長
李金漢教授，希望能與中大商學院合作在《Recruit》內
開設一介紹現代管理知識的專欄，對象是該報廣大的年
輕讀者，後者的求知欲極強。此項計劃得到李院長的支
持，繼由張珝于小姐及本書第二編輯共同策劃，並決定
採用"管理舞台"作者專欄的名稱，期望能透過深入淺出
的文字和活潑的插圖，向讀者介紹及分享一般成功經理
具有的管理技巧和經驗，以期達到如在舞台上表演給觀
眾觀賞的效果。

　　專欄的第 1 篇文章於 1994 年 3 月 25 日正式刊
出，以後逢星期五與讀者見面，由 8 位中大商學院同
仁輪流執筆撰寫。其後得悉此專欄頗受讀者歡迎，一些
公司機構更將有關文章在部門內作傳閱或告示。良好的
反應啟發了編者把刊出的文章輯錄成書的意念。後承蒙
香港商務印書館同意出版此單行本，並定名為《成功經
理啟示錄》。

　　全書共收集 41 篇文章。內容環繞機構、羣體及個
人三個不同的管理層面作分析討論。第一部分介紹企業
策略管理一些宏觀概念和近年備受工商界人士關注的熱
門課題；第二部分討論員工在機構內經常遇到的組織行

為與人事管理等問題；第三部分着重介紹現時很多年輕經理所欠缺的領導、決策和溝通技巧；第四部分則針對近年在香港興起的一股進修 MBA 課程的熱潮，為青年讀者撰文分析企管教育的最新形勢和發展方向。

由於本書的主要對象為年輕經理人及督導人員，因此行文力求淺白精簡，理論與實際相結合，並配合香港的企業實例和管理經驗。基於文章並非屬於學術性著作，因此內容一概不加附註，特此說明。

本書能順利出版，有賴多方面的配合和支持。我們要特別感謝《Recruit》前總編輯張玿于小姐對專欄的細心策劃，專欄編輯**吳惠玲**小姐為版權事宜諸多費力，以及《Recruit》與設計師**余朝安**先生借出文字和插圖版權。**我們也要感激香港商務印書館總編輯陳萬雄博士**、編輯部**廖劍雲**先生與**黎彩玉**小姐在編輯及出版方面的鼎力協助。中大**李金漢院長**對同仁等所作的管理知識推廣工作不斷給予鼓勵和支持，謹此致以衷心謝忱。最後，我們要向近年來積極用中文寫作的同仁致敬，使本書可以有出版面世的機會。

在編寫本書的過程中，難免有所錯漏，尚祈讀者不吝指正。

何順文

饒美蛟 謹識

目 錄

1

企管概念與新思潮

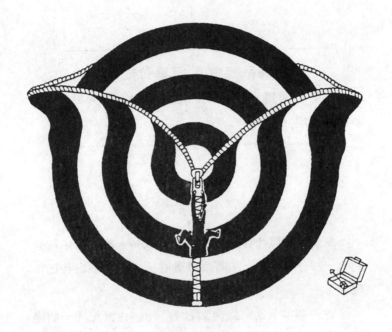

企業之本質

何順文

> 一個企業系統由 5 個單位組成：企
> 業、消費者、政府、產品市場和勞動
> 市場。

商業活動與社會息息相關，已成為人類生活不可分割的一部分。事實上，商業活動在人類古文明時代已出現。

香港基本上是一個商業社會，由 19 世紀的一個漁港逐漸發展為一個貿易港口，經過差不多一個世紀的急速發展，現已成為一個世界重要商業及金融中心。

與其他國家比較，香港天然資源貧乏，但其實質經濟增長多年都維持上升，成為世界增長最快速的國家地區之一。香港經濟成功的因素很多，包括一個廉潔和有效率的政府、完善獨立的法制、優良的港口和通訊設施、簡單的低稅制，極少干預的經濟政策、大量勤奮和富適應能力的勞工、高質素的管理人員，和富於進取創新的企業精神等。雖然有"九七"的陰影，但在中國大陸持續的經濟開放政策下，致令大量外地資金不斷湧入，再加上香港本身的基建發展，使其經濟得以繼續蓬勃。明顯地，香港的企業管理水平也需要不斷提高，以助其經濟繼續成長。

現今大部分香港年輕人都有參與商業活動，成為企業的僱員、經理主管或僱主不等。他們都希望除了能維持生計外，也能有機會發揮自己的專長和影響力，參與制訂香港未來商業活動和整個社會的發展方向。很明顯，商業活動影響着我們每一個人。企業有一定的社會責任，其活動也能影響我們的生活素質。因此我們有必要了解一下商業活動的本質和運作。

創業的原動力

香港，像很多西方國家一樣，奉行自由市場經濟體系，原則上都給予市民完全自由去決定如何生產及分配各種資源和產品。政府一般不干預私人經濟活動；而市場作為一"無形之手"，會自動調節供應、需求和價格，以達到資源的最優分配。在這個經濟制度下，個人投資如能成功，就可以為其投資賺取一筆可觀的回報，而回報當然與投資計劃本身的風險有關。這個追求利潤的動機，也就是激勵很多人願意冒險創業之原動力。這是一個由企業家和富企業精神的商界主管去發掘和滿足市場所需的商業社會。政府的角色只是確保和促進一個有利創業、投資與經商之環境架構，執行有關法例和監管，促進公平競爭，及在有需要時利用財政或金融來穩定經濟。

英文 business 一字，可以是指一家公司或商業機構、一個行業、整個商業系統，或泛指商業活動（包括生產、分銷和消費），一般統稱為"企業"。無論是指哪一個概念，所有企業都有一共同目標，就是提供個人所需的貨品及服務，以滿足消費者的需要和欲望；而同時間，這些在市場內的買賣交易活動也會為企業帶來利潤。換句話說，如果消費者沒有需要或能自供自給，那麼企業、市場或商業活動就不需存在。

公平競爭有利成長

要衡量一個企業是否成功或有否貢獻，除了其他一些非量化目標外，最終還要看企業的利潤或回報有多少。如果一家商業機構不能賺取利潤，它就不能長期生存。要取得利潤，企業就要提供顧客需要的貨品或服務。由於顧客可以自由選擇供應商，因此每一企業都要與同行競爭者進行競爭。企業間的公平競爭可確保貨品以適當的價格和數量出售，也使資源能更有效率地運用。

競爭手法通常有 3 種可以選擇：

(1) 價格，一個企業可透過改良效率及減低營運成本來減低售價，這樣既可刺激銷售、也無須令盈利減少；

（2）品質，就是改良產品或服務素質，令其從對手區別出來，或超越對手所能提供的素質，而很多顧客也願意付出多一些價錢以取得更佳產品或服務；

（3）創新，就是要洞察顧客口味和各種環境改變，以能找尋市場空檔開發新產品或操作方式。當然，一個企業要考慮很多內外因素，來決定究竟採用上述哪一個或多個競爭手法。簡單來說，企業要增加銷售和盈利，首先就要更佳地滿足顧客需要，這也是商業活動一向強調"顧客至上"的原因。

交易多福祉多

整體上來看，一個企業系統共由 5 個不同單位組成：企業、消費者、政府、產品市場，和勞動市場。企業與消費者不斷以貨品或服務來換取金錢，形成一個循環流程。這個流程令買賣雙方都能在交易中得到好處，而社會整體福祉也得以增加。另外，這個過程亦涉及儲蓄與投資活動，例如市民會把部分收入存進銀行戶頭或投資證券市場，企業也就可以透過銀行或資本市場來籌集資金，進行擴充投資。因此交易越快越多，社會整體福祉也就增加越多。這也是商業活動對社會有貢獻的主要論據所在。

當然，一些有遠見和使命感的企業，還會追求更高的理想和關注較高層次的人類需要，例如確保平等就業機會、保護環境生態、發展員工潛能、拉近人與人之間的互信關係，及改善本地和世界人民生活素質等。

管理概念與經理人角色

何順文

優良的管理是一組知識、技巧和經驗
的混合體。

　　任何企業機構要達到其目標，就必須有良好結構和
作出有效管理。本文將簡略介紹管理的一些基本概念，
作為餘下各章的討論基礎。

　　在過去數十年，企業不斷發展擴充，股東及企業家
已逐漸趨向僱用一班專業經理來全盤負責管理公司業
務。大型企業股東一般只視自己為投資者，而部分公司
管理人員也會擁有企業股份。由於現代企業活動已變得
越來越複雜龐大，因此管理工作已漸發展成為一個專
業，也有人叫 20 世紀為"經理的年代"。

何謂"管理"

　　不同人對"管理"（management）一詞有不同的理解。因應不同情況和目的。管理一般可分為以下兩個概念來理解：

(1) 製造一適當環境以能有效地結合和運用各項資源，並帶領有關員工奮力以達到單位目標之過程。

(2) 指進行上述活動的人，即指經理或管理人員。亦有人稱管理人員就是決策者。

　　事實上，這兩個概念是分不開的，因此有時可以互相交換來使用。管理人員向 4 類人負責：對股東而言，管理人員要保障股東的權益；對員工來說，管理人員負責製造一個環境令各員工可以達到自己的目標（包括薪金、福利、發展機會、工作環境和滿足感等）；對顧客及外間機構而言，他們需要保持良好關係及平衡雙方利益；最後，管理人員亦對大眾有一社會責任，確保有效運用資源之餘，也能合乎法律和商業道德標準。

　　在自由市場經濟制度下，管理過程和活動頗具一般性。管理人員會發現一般管理原理在很多不同情況環境下皆可以合用，而大部分管理技巧也可以在不同企業機構間作轉移運用。

　　從傳統的管理過程來分析，不論行業、機構，或商業活動性質，一般管理活動都包含以下 5 類功能（functions）：

(1) 規劃

(2) 組織

（3）人力資源調配

（4）統籌及領導

（5）控制

因應個別管理人員的不同層次，其所負責上列管理工作之比例也會有異。一般來說，越高階層的管理人員，亦越要多花時間在規劃和組織活動上。

管理人 3 種角色

另外，根據著名管理學者関滋伯（Henry Mintzberg）的研究，管理人員通常扮演 3 類較上述為廣泛的不同角色：

（1）**人際角色**：包括作為單位首腦，領導人，和對外聯絡人；

（2）**資訊角色**：包括作為監察者、資訊發放者，和發言人；

（3）**決策角色**：包括作為企業家、糾紛處理者、資源調配者，和談判代表。

這個模式主要強調一個管理人員是在一個多變不定的環境內運作。管理人員很多時需要在短時間對很多突發的事情作出迅速回應和轉換上不同角色。事實上，一個經理的工作十分繁複。由於大部分重要決策資料都以非形式方法儲存在個人腦內，因此不能隨便授權他人代行職務。簡短、片斷性，及口語溝通為大多管理工作之特色。

一個良好經理的績效表現必須同時具有效能

（effectiveness）和效率（efficiency）。效能是指選擇正確適當的目標、決策和工作方法，而效率是指能以最低成本或最快時間完成工作。明顯地，越高層和越具策略性的決策工作，將會更重視效能表現。在實際環境內，也會有一些不能避免的限制，影響着管理人員在這兩方面的表現。

管理技巧

在有效從事上述各項不同管理活動和角色時，一個管理人員必須擁有一些基本管理技巧。管理學者加斯（R. Katz）將這些技巧分成 3 類：技術性、人際性和概念性。技術性技巧是指該經理需要用來完成專門性工作的知識、工具、程序或方法。人際性技巧是指與其他人相處及領導和激勵其他員工的能力。概念性技巧則指能洞悉組織全盤運作和各單位間的關係，並可以配合統籌有關策略決策之能力。一般來說。技術性和人際性技巧對較低層的管理人員比較重要，因他們有較多機會與下屬相處。相對來說，較高階層的管理人員也就需要具備較佳的概念性技巧。

主流管理學說

管理為一門跨科際的學科和應用技術，涉及其他如經濟學、心理學、社會學、政治科學、統計學等知識。現今主流的管理思想可分為 3 大派別：古典學派、行為學派，和計量學派。不同學派在不同情況下各有其用處，沒有一個學說永遠是對或合用的。另外還有很多其他不同的管理原理、技術和模式。但要留意，並不是每一個學理研究結果或理論都可應用在每一個機構內，特別是文化及其他社經環境差異的考慮。

現代的管理學者一般都認為較新的系統（systems）及權宜（contiagency）理論，可提供一個更完整綜合的模式來解決管理問題。一個系統可界定為由一組相互依存的元素所組成的一個整體。作為一個開放系統，企業在其環境內運作，也從其環境獲取所需輸入和交換其他訊息和資源，然後以最有效率方法處理和生產，以達到組織原來的訂立目標。因此管理人員必須充分掌握組織之目標和懂得聯結各有關單位的合作，及對環境轉變作出迅速適當的回應。

權變管理理論更進一步綜合各管理學說和理論，它認為並沒有一個在任何情況下都為最適合的管理方法或方案，必須考慮實際情況和因宜制訂（contingency-based）。因此管理人員必須了解每一決策的主要權宜因素，包括外在環境、內在組織、決策結構和特徵，及決策者的個人特徵風格等。

雖然管理經常被視為一門科學來作學習研究，但在實務上就較接近一門藝術，需要個人判斷來補充現存理論知識的不足。但不等於管理工作不能有效地學習掌握，一個良好的教育基礎可協助管理人員避免忽略一些重要的決策考慮因素。由是觀之，優良的管理可視為一組知識、技巧和經驗的混合體。

由於本書的讀者對象主要為年青的經理人員，其管理工作大部分都是與對人的技巧最有關連，因此也是本書的焦點所在。

管理環境及未來挑戰

何順文

> 未來的方向是期待和帶動改變,而非
> 只是吸收和適應改變。

　　企業在其環境內運作,其活動不斷受外部環境因素
影響。今天的管理人員。明顯地需要不斷對環境轉變作
出適當監察、適應或控制。這些主要外部環境因素,可
分為如經濟、政治、法律、科技,及社會文化等範圍,
其中一些更涉及世界國際層面。

　　近二三十年來,各外在環境因素變化迅速,而企業
的活動範圍也較以前龐大複雜,其中不少變化對組織的
管理造成頗大的影響。動態環境存在不少不明確因素,
也為企業帶來新的挑戰和機會。事實上,轉變和創新已
成現代企業系統的重要特色。

洞悉環境　把握機會

　　系統及權宜管理理論一直強調環境因素會影響組織運作，也會被組織運作所影響。企業管理人員的責任就是要對環境洞察和鑒定，作出相應行動，並能把握機會，爭取更多競爭優勢。有些管理學者已認為企業的生存已愈來愈決定於其學習及適應外部環境變化的能力。

　　香港企業一直在動態多變的環境下運作，多年來也取得驕人的成就，這反映出香港企業管理人員對環境的高度應變能力。踏進 90 年代，香港企業面對一個嶄新的局面，例如包括下列的一些主要變化：

* "九七"信心危機，持續的移民熱潮
* 經濟結構的轉型，服務業逐漸取代製造業
* 政制的改變與社會決策的政治化
* 金融市場的波動愈來愈受本地及國際因素影響
* 經濟及市場全球化，跨國投資不斷興旺
* 中國大陸的政經政策，及新國際角色
* 新的國際競爭模式和更多發展中國家的參予
* 科技的不斷突破和普遍，特別在電腦、通訊及生物科技方面
* 社會人口老化的趨勢
* 市民工作和生活方式的改變
* 消費者及環保運動漸受重視
* 管理人及員工道德價值觀念的改變

管理新趨勢

　　要在這個未來多變和競爭激烈的環境下求存，香港的企業管理又有甚麼對應策略可以選擇呢？根據一些管理學者的分析，加上筆者自己的觀察，未來主要的管理趨勢可以綜合為下列 10 項：

（1）企業需要不斷作出組織結構重整，以令組織有更具彈性和機動的結構，例如將一些固定的委員會改為臨時性工作小組及鼓勵更多跨部門的合作關係。員工的工作範圍和性質亦將變得更具彈性和不斷演變。企業將鼓勵更多的冒險嘗試和創新。

（2）企業需要全面整體地將作業流程作出重整、改造或再生工程（business process re-engineering），例如將幾個不同工作合一，將工作單位由功能部門改為過程小組，及將簡單工作轉變成多層面工作。最近"企業轉化"（enterprise transformation）已逐漸取代"再生工程"或"企業改造"的概念，前者更着重將重整活動視為經常性長期規劃活動的一部分，並要與企業策略、員工、商業過程及科技等企業元素同一時間作出轉變配合。

（3）龐大的企業組織將分解為多個較小的業務分部，每一分部將有其本身的文化及特色。當企業要擴張來滿足市場需要或增加市場佔有率時，亦會考慮將部分業務以分包合約形式外判給外間公司承接。

（4）企業管理層次數目將會繼續縮減，由於自動化及資訊系統可以取代很多以往中層人員的職責，未來中層管理職位的開設將會更少。

（5）在未來直接受決策影響的員工將獲更多機會和實權
　　參予決策的制訂。這個改變亦需要良好的資訊系統
　　作支援，以能確保有效的各類溝通形式（由下而
　　上、由上而下，及橫向溝通）。

（6）企業必須不斷提供機會給所有員工作個人發展（而
　　非只限於局部有潛質的員工）。在服務業不斷急速
　　增長時，我們一方面要加強培訓有關人才，另一方
　　面也要照顧工人轉業的困難。

（7）在採用新科技時，企業要配合組織的目標策略。管
　　理人員也必須安排適當的措施和訓練來令員工得以
　　適應，也避免引起對員工工作和生活素質產生負面
　　影響。相信企業在未來將會更重視和珍惜人力資
　　源。

（8）企業必須建立一個重視品質的內部文化。當消費者
　　的教育及生活素質愈來愈高時，其對產品素質和創
　　新的需求也會不斷提高，能否滿足顧客的需求將是
　　企業未來生存的關鍵所在。

（9）未來的企業組織應能照顧管理不同文化背景和價值
　　觀念的員工，採取更開放和正面的態度讓員工參與
　　和投入組織的活動，及分享企業的成果。未來經理
　　人將會減少監管的角色，而變為工作小組的教練、
　　導師或顧問。

（10）企業要不斷灌輸和教育員工，使他們對轉變採取正
　　確和正面的態度，和接受所需的變化。企業過往的
　　成功，並不等於未來不須作出重大改變或冒風險，

喜愛穩定安逸和常規工作的員工也要不斷重新適應。未來的方向是期待和帶動改變，而非只是吸收和適應改變。

未來經理必備能力

為了迎接上述這些未來的新挑戰，我們也要積極培養新一代的管理人員。這些未來經理必須具備下列各種特徵：

（1）熟悉外間政經社會環境；

（2）具遠見，和有創新及冒險精神；

（3）具思考及分析能力和判斷力；

（4）具應變及應付衝突與危機的能力；

（5）及時掌握科技與資訊資源以創造機會；

（6）具卓越領導才能和與人溝通的技巧；

（7）具人文社會價值觀和社會道德責任感。

1.4

建立遠見和企業使命聲明 何順文

> 利用一個正式的使命聲明,可令員工
> 有一較佳的方向感。

作為一個成功的領袖,或經理人員,必須能洞悉未來,具有遠見和使命感,帶領下屬員工朝着一個清晰、有意義和重要的方向共同努力。有明確的遠見和使命,可令領導人集中運用其資源,也可激勵員工克服種種困難阻力,合力向前邁進。

遠見令人投入工作

很多人感到自己的工作無特別意義,亦缺乏滿足感,主要是由於其領導主管滿於現狀,不思進取,缺乏了一份不斷謀取改進,追求理想的使命感。一個真正的領袖，了解到成員不單只為糊口而工作，他們更希望金錢、福利和升職等以外的得益，如自尊、成就感、師屬感、上司嘉許、具影響力，及可追求理想的感覺。員工希望能成為一機構的一份子，能作出貢獻，共享組織的榮辱。有了這些感覺，員工也就會更願意跟從領導和投入工作。

同樣，一個成功的機構，不論是牟利或非牟利、公營或私人性質，也應具備其獨特的遠景和使命。欠缺了遠景，很多機構會表現猶豫畏縮，決策取向不定，發展變得停滯緩慢。根據一些管理學者的分析。很多企業未能達到其預期目標(包括效率、質量和盈利水平)，是由於缺乏了固定的方向和理想，其僱員(包括經理人員)並不清楚組織存在的意義。

使命聲明的重要

利用一個正式的使命聲明(mission statement)，企業可為員工提供一較佳的方向感。一個使命聲明是一與機構文化與管理哲學原則有密切關係的概括性聲明文字。換句話說，它描述一機構的獨特存在意義和最高層次目標，及其基本價值觀和信念。建立使命聲明有以下4個主要目的：

(1) 使所有員工有一整體和共識的感覺；

(2) 激勵所有員工抱着熱誠朝向既定方向努力前進：

(3) 調校業務及市場焦點，更有效運用資源；

(4) 指導現行及未來運作、決策和策略。

我們可先看一些實際的公司使命聲明例子，以闡明有關概念。例如香港某一主要電訊機構，有以下一個遠景/使命聲明：

（1）我們決心將業務推展到下一個世紀，為全港各地提供現有及嶄新的電訊服務，在服務價值可靠性及應用程度方面滿足客戶的需求。

（2）我們必須與電訊業內的各方面合作，使本港的電訊業能夠發揮最大的價值。

（3）由於這個遠景只能靠人才來實現，我們必須培養自己的技能和工作態度，以應付這個市場的環境所帶來的挑戰。

另外一個例子，是一家上市機械製造公司的使命聲明：

（1）服務：對客人提供完全滿意的服務。

（2）品質：追求無瑕疵的品質，完美的生產工藝、超卓性能的機器，及可靠的產品。

（3）人才：培訓及保留人才，使員工全力投入及支持，並共同分享公司發展的成果。

我們可以看到使命（mission）與一般所指的公司目標（goal）有一些基本分別，雖然有些公司將兩者視為同一概念。一般來說，目標比使命較為實際、短線，和容易衡量。對一些機構來說，其遠景或使命能否真正能夠實現或衡量得到，並不重要，只要其能獲得員工支持，及提供方向和激勵作用。企業同時需要使命和目標，即使命背後由一些較小、較易達到的目標來支持。但很可惜，一般經理人員都易於傾向接受短期的內部生產目標而忽視長遠理想。

　　筆者曾向香港的上市公司作出抽樣調查，發現超過
80% 的公司未有制訂或未有對外公布上述類似的使命
聲明；反之，在美國，一千家最大公司當中已有一半在
公司年報內公開其使命聲明。根據美國的研究結果顯
示，沒有使命聲明的企業失敗機會比有聲明的企業為
高。另外亦有一些公司，當業績不錯時就認為沒有需要
一套使命聲明，但當市場形勢轉變及作不同嘗試皆未如
理想時，就會重新考慮制訂一套使命聲明，以提供方向
和焦點來重新運作。

建立使命聲明的障礙

　　根據美國學者愛爾蘭（R. Ouane Ireland）與希治
（M. A. Hitt）的分析，共有 9 個不同原因導致很多組織
未有建立使命聲明：

（1）組織內的不同利益單位太多，意見分歧，難以找出
　　　一個公認接受的使命聲明；

（2）建立使命聲明所需的工作量太大，一般涉及很多會
　　　議討論及可能需時半年或以上來完成；

（3）一些利益單位傾向滿足於組織之現狀；

（4）誤信使命聲明會洩露組織機密競爭資料（但實際上
　　　只會描述一般性方向、理想和原則）；

（5）建立使命聲明的過程可能會導致衝突和爭論；

（6）組織高層花費太多精力時間在日常運作而忽視策略
　　　性問題；

(7) 缺乏具備"通才"(generalists)技巧的高層員工來作綜合分析和建立使命聲明；

(8) 一些員工或單位恐怕使命聲明的建立會縮減其目前享有的自主程度；及

(9) 傳統的策略規劃工作太過拘謹和形式化。

可行的途徑

事實上，上述的一些原因和困難都是可以克服的。建立使命聲明的途徑一般有兩個。如果組織已有一單一主要目標，就可以將這個目標轉化為一個使命。但如果組織有超過一個重要目標，就可考慮從中選出一個最重要的或具吸引力的來作轉化，亦可將使命聲明涵蓋幾個最重要的目標。

另一個常用的途徑就是建立一個代表不同單位（包括顧客羣）的工作小組，用腦力激盪法（brainstorming）來引發各成員想法建議，共同討論，直至一個大家滿意的使命聲明出現為止。

但無論用哪一個途徑，使命聲明內的用字需要很小心選擇，確保能清楚和全面表達其重要性，並與組織的方向和哲學原則配合。動態和親切的字句能令員工感到共鳴和自豪，如能將使命內容用一簡短精巧的標語口號反映出來，就更能令人銘記於心。每一機構都有其獨特的條件和環境，抄取別人的使命是不濟用的。當然，一個有效的使命聲明必須要得到組織上下層全體員工的支持和作出承諾。

"企業文化"有何用處？

劉忠明

> 有完整的企業目標及方向，清晰的價
> 值觀，員工自然會理解企業文化在公
> 司的意義。

　　"企業文化"一詞在近年頗為流行，香港很多公司也標榜自己的企業文化，不單在對外方面，讓大眾(特別是顧客)了解該公司的文化和特色：在對內方面，更致力鼓吹企業文化，希望每個員工都能接受和認同公司的理想。

　　相信不少讀者所服務的公司也有談企業文化。但企業文化到底是甚麼東西，對員工、對老闆又有何用處呢？

企業文化的凝聚力

對企業文化討論得較多和較深入的，當然是西方的管理學者，但很多中國人的公司其實也在強調企業文化，只是沒有西方公司這麼明顯罷了。例如在某華資公司內講求論資排輩，對客忠誠，童叟無欺等其實也是一種企業文化。

企業文化，基本上是指在一公司內各員工所共同擁有，互相認同的做事方式及思想方法，一種令員工向心的凝聚力，使他們更願意投身於企業的大方向。

這些做事方式及思想往往在公司的規章制度、人際關係、員工活動，以及禮儀慶典上表現出來，公司的標誌，也是表現企業文化的一種方式。

總而言之，企業文化可有多個層面，一是根本的基本假設和價值觀，另一是公司內各人的行為表現，而各人的認知思維方式，也可是企業文化的一個層面。

建立與認同企業文化

企業文化往往是由創業者或公司的大老闆（行政總裁等）提出，個人的創業及經營思想，便是企業的主流文化。

在創業初期（或公司面臨危難時），老闆往往需要帶領同工共渡難關，此時便需要各人有同一目標，齊心協力，而企業文化就在這樣情況下形成。

一個強的企業文化，有助於整個公司的營運，使各部門有明確的目標，有互相認同的遠見和使命。

同時員工也明白到公司對他們的期望，減少含糊地方，有利於提高生產力和建立歸屬感，所以企業文化不單對老闆有幫助，對員工也有一定的吸引力。

所以很多時候，不是員工不喜歡企業文化，而是公司所營造的企業文化與員工有衝突。舉例來說，員工可能喜歡互相幫助，大家照顧；但公司希望職責分明，鼓吹同事間競爭，這便會引起一定程度的衝突。當老闆希望建立自己公司的企業文化，必須考慮哪類企業文化可令公司得益？同時哪類文化會幫助員工，與他們的想法吻合（至少不會令他們反感），這樣才可達成目標。

另一個問題是：應該建立哪種文化？有哪種文化是員工喜歡的呢？

很多人說香港一般勞工都好逸惡勞，不太理會公司而只顧自己的利益，較為短視和自私，但這說法未必一定準確。特別當一般人的教育水平提高，勞動市場競爭大時，人不能再懶惰，也有較多人追求上進及積極接受工作挑戰。

據一個對香港成功企業的分析，這些公司的企業文化，都強調員工參與、看重合作、着重培訓、創新及能與僱員分享公司的成果，而且員工往往能有歸屬感及滿足感，流失率也較低。也許，這正是一個發展香港企業文化可參考的方向。

維持企業文化

怎樣才能維持一企業文化呢？

最重要的一點，是企業有完整的企業目標及方向，有清晰的價值觀，使員工完全理解企業文化在這公司的意義。

公司很多時都會提倡企業文化，但這些價值觀及信念往往被誤解甚或刻意誤用，員工陽奉陰違，不能發揮企業文化的功效。

另一方面，管理層的行為表現也甚重要，員工會看到主管有沒有尊重企業文化，有沒有以身作則，身體力行。所以主管們若不能跟大老闆同心，一齊活出企業文化，則難冀公司會有強的企業文化。

在公司制度方面，員工入職時的迎新和培訓，是直接向他們介紹公司價值觀、信念和工作方式的黃金機會。

因此處理和設計迎新活動，不能輕率，人的主觀感受，是形成個人態度的重要原素，最初對公司的接觸，會直接影響對公司的印象，故不能掉以輕心。

此外，公司的獎賞制度，如晉升、薪酬、褒揚等也直接影響企業文化的建立。假如沒有獎賞制度的配合，人往往不會刻意追求文化的實踐。我們不能期望現代人單以理想來辦事。縱或有這類人，但畢竟是極少數，故此必須有客觀的獎賞制度，作為推行及鞏固企業的支柱。

最後，公司亦不能忽略公司內的定期活動如聚會、慶典等。這些聚會使員工明白及體現更多老闆眼中的企業文化，對潛移默化有根本的作用。

結語

　　若能成功塑造優良的企業文化，則對企業的整體運作、員工個別的需要，以及老闆的個人抱負都有幫助。

　　雖然老闆不一定很刻意地去培養某一種企業文化，但企業運作時必然顯示出一種文化，若這些文化對企業有損，則會產生很多誰都不想見的後果。故此對企業的成員來說，不論其為大老闆，還是一個普通的員工，企業文化是不能忽視的。

1.6

創意文化的迷惑

劉忠明

創意不一定是發自於天才，平凡的僱
員也會有創意的，秘訣是……

　　在這個講求競爭能力的時代裏，一家企業的成敗可
能就在於這家企業究竟有沒有創意。

　　試看香港一些成衣零售店（特別是連鎖式經營的），
為甚麼有些往往推陳出新，時常提供新的款式，採用嶄
新的促銷方法，而另一些則年年如是，又或者只是跟
風，並沒有鮮明形象呢？再看電視或報章宣傳產品的廣
告，我們不難看出哪類產品有創意，哪類產品只是因
循。

　　其實一家企業的管理及做生意方式，往往是取決於
大老闆（或行政總裁）的個人風格。若老闆對創意情有獨
鍾，則其企業的產品往往會有出人意表的新產品。像美

國的 3M 公司，每年皆有為數不少的新產品推出市場，而且廣受顧客歡迎。

但領導者要實行"創意"的理想，必須依賴"有創意的企業文化"才可以達到。

很多人認為只要聘得數名有創意的人才，便可以令企業有創意。擁有"創意天才"的人力資源固然重要，但企業的成敗並不能依賴小部分人的創意。

舉個例說，生產部同事有個很好的新產品意念，在技術上可行，仍要有一批有創意的市場營銷人員與適當的管理方法配合，產品才可由意念轉化為實物，成功地打進市場。

很多有創意的產品在市場上失敗，並不是因為產品本身，而是在於沒有適當的包裝和定位，使顧客不能接受新概念。

建立創意文化

如何塑造有創意的企業文化呢？

企業文化是指企業內各人共同擁有、互相認同的價值觀念。因此，有創意的企業文化，是指企業內各人（包括老闆、經理和所有工作人員）都能接受創意，促進有創意的行為，營造"創意至上"的氣氛，在產品意念、製造方法、營銷和定位等活動都能同心，這樣才能與眾不同，提高競爭力。

但創意的最根本基礎是在乎人，有創意的人才能使企業有創意，因此創意文化是在乎能否引導企業內各人朝着創意發展。

當然，能招攬有創意的天才是成功的保證，但天才不是經常有的，既然大多數人都是普普通通的平凡人，如何令他們有創意呢？

其實，創意不一定是發自於天才，平凡的僱員也會有他很有創意的一面，秘訣是能否讓員工有發展創意的空間。

一般的創意研究指出：創意不一定是突發的靈感，通常都是有其過程，例如由知識(或資訊)積累開始，到意念的孕育，以至引發概念，再嘗試求證，則已可以開始建立有創意的文化。

當然，員工能否委身於創意，認同創意文化也是很重要的。這方面便有賴企業的目標和使命。

若大老闆開宗明義地說企業是追求創意的產品和服務，則員工便會明白公司的要求與期望，辦事或決策時不會背道而馳。

重要的是：員工能擺脫傳統，事事以新意念為依歸，但管理階層也應有適度的指引和控制，使員工不會走火入魔，脫離市場的需要。

人與企業的配合

另一方面，企業文化不單是要有＂人＂有塑造，也要企業在制度方面的配合。

例如前述 3M 公司的例子，他們不單叫員工追求創意，還容許員工在上班時間內，花 15% 的時間來做＂與本身工作無關的事情"──當然，是與新產品意念有關的研究。

同時，有創意的產品意念將會得到回報，員工也多嘗試，員工也可向別的部門主管推介自己的意念，所以 3M 公司內生氣勃勃，每年都有大量的新產品推出市場。

企業若能在時間、報酬和管理制度上與創意配合，則較有機會建立有創意的文化。

創意不一定是一個石破天驚的全新產品，可以是簡單的工序減省的改進、增加現有產品的功能、結合各類產品特性於一種產品上，又或者是全新概念的產品。

總而言之，創意就是將人改進的意欲發揮，使顧客得到更好的產品和服務。創意並非單純是研究與發展部門的責任。假若全體員工皆有這個價值觀念，則可增加企業成功的機會。

結語

有創意的文化，不一定能帶來可觀的經濟利益，但卻令員工有鮮明的目標跟隨，也可以使顧客更認同企業的產品和服務。

創意不單是個人的資產和事業成功的條件，也是一個企業的資產，以及企業競爭能力的一部分。企業內各人都應該珍惜、培育和使用具有創意的企業文化。

1.7

顧客服務的管理

敖恒宇

要提供上佳的顧客服務，首先要善待員工。

從前，一提到"顧客服務"，很多人就不期然想到銷售行業，狹隘地認為"顧客服務"是指怎樣處理顧客的詢問和投訴。

事實上，不論一家企業提供何種商品或服務，當僱員跟顧客接觸及溝通，嘗試去滿足顧客的各樣期望和要求時，"顧客服務"已經在進行中。

對於服務行業而言，提供優良的"顧客服務"是競爭的致勝之道。

另一方面，對於小型企業或是政府部門，"顧客服務"的重要性也與日俱增。而"優質服務"這個詞語，亦早已成為商界的流行用語。

"顧客服務"的哲學

從管理學的角度來看，重視"顧客服務"，可以理解為一種以顧客為導向的管理哲學及企業文化。

當這種文化深入每一個員工的內心時，他們便會自然地關注顧客各方面的需要，更能滿足顧客的期望。由於提高了服務質素，令到顧客的投訴減少，企業的聲譽亦得以建立起來。

優質的顧客服務，可以為企業帶來其他好處，例如透過員工與顧客的接觸，來自顧客的訊息和意念，便可以演化成為改善商品及服務的計劃，驅動企業向前邁進。

此外，員工若能與顧客建立良好的關係，員工的工作滿足感亦會因此提高。企業要提供上佳的顧客服務，首先便要善待員工，令他們切實遵行"顧客至上"的原則。

現實的情況是，主管如何對待下屬，下屬便會用相同的態度對待顧客。一個傲慢的主管，怎也不能訓練出一羣誠懇有禮的服務員。

因此"顧客服務"不應是單為低層僱員而設的口號，而是上下奉行、徹底落實的管理觀念。

管理制度的配合

此外，人事及管理制度的配合亦十分重要，它們可以輔助企業全面推行"顧客為先"的經營哲學：

（1）員工招聘

聘用合羣、友善、善於溝通的員工，因為他們會較懂得了解顧客的需要。

（2）提供培訓

提高僱員待人接物的技巧，使他們更明瞭顧客心理。此外，讓每個僱員加深對公司各環節的認識，令他們更成功地擔當中間人（公司與顧客之間）的角色。

（3）改善內部溝通

來自顧客與員工的訊息及建議，可以有效地傳遞到各個有關部門，盡早作出適當的行動。

（4）訂下指標

有了具體的"顧客服務"指標，員工便能更清楚了解自己的職責和角色，而主管亦更能有效地評估下屬的表現及監督服務的質素。

（5）增加接觸

促使不同崗位的員工跟顧客有緊密的接觸，讓每個員工皆可設身處地的了解顧客的要求。

（6）下放權力

給予每個前線員工有較大的自由度，因應不同顧客的獨特情況去提供合適的服務。

（7）獎賞優質服務

以不同的激勵制度，如花紅、獎金及公開表揚等，鼓勵員工提供優良的顧客服務。

（8）建立企業文化

讓重視服務質素的價值觀，散布於企業內，並被每位僱員認同。

結語

　　總括而言，企業欲提高"顧客服務"的素質，是需要全體上下努力的。高層的支持與推動固然重要，但企業內部不同部門的緊密合作亦不可缺少。

　　在各種條件配合下，企業才能全面發揮優質的"顧客服務"，令顧客、僱員和企業三者同時受惠。

1.8

求取顧客意見

何順文

"了解顧客"後，便要作適當的回應或
跟進，繼而積極改善。

　　很多人都聽過"顧客至上，服務為先"這一句口號，
但究竟有多少機構及僱員，對這句話有真正的認同和貫
徹的追求，那就令人感到懷疑了。

　　一直以來，香港大多數商業機構都未有對"服務"這
個概念加以細心思考。這些機構假設，如果它們沒有接
獲太多顧客投訴，那麼它們提供的服務就算是不錯了。

　　一般機構很少主動去了解顧客的想法和感受，更遑
論重視和跟進顧客的意見和投訴，這種現象在仍能賺取
利潤的公司或接近壟斷的行業特別顯著。

　　事實上，"服務"就是以顧客為中心，亦是現今商業
社會爭取競爭優勢的主要手段，管理學者更將"服務"界

定為一個能滿足顧客欲望和需要的系統。

　　一般來說，服務素質是否優良，可用客觀的素質指標和主觀的顧客評價來衡量，而兩者在很大程度上，是受機構是否重視顧客意見所影響的。

　　例如不少人都會有這些經驗：

- 不滿一些快餐連鎖店採用舊式的"先排隊購票，後再排隊取貨"制度帶來的不便，但因感到沒有途徑反映這些意見，而逐漸減少光顧這類快餐店，改為光顧"無票式"或"先取貨，後付款"式的食肆。
- 對超級市場經常僱用不足夠收銀員，要長時間排隊結賬表示不滿。雖然曾向當值經理反映問題和提出增聘收銀員的意見，但一直未見情況有改善，於是逐漸討厭進入超級市場，改為光顧小型商店購物。
- 不滿某牌子電器產品代理店的員工服務態度，曾去信該公司高層作出投訴，但並未獲得積極回應及妥善處理，因而向認識的朋友抱怨和談述自己的不快經驗，更對那牌子的產品逐漸產生抗拒感。

了解顧客

　　近幾年，外來因素如消費者權益運動、激烈的市場競爭，加上市民的教育水平和生活素質不斷提高，令到香港不少商業機構需要重新考慮"服務"的概念及機構本身與顧客的關係。

　　一些領導服務素質的機構，已發現鼓勵顧客(特別是不滿的顧客)多提意見是有很多好處的。美國一項調查發現，如果顧客提出的意見或投訴能獲得滿意的處理，他們對產品及機構的"忠心"會比沒有意見/投訴的顧客為高，更有超過 80% 曾經提出投訴的顧客會繼續購買或光顧那些產品或機構。

此外，據統計，一個滿意的顧客會告訴 10 個人他的經驗，但一個不滿的顧客則會向 20 人訴說他的不快經驗。不過，如果顧客的投訴或意見獲妥善處理，他們會向另外 5 個人告訴他得到的待遇。單是這些數字，已令越來越多機構關注到顧客的想法，並積極改善它們的服務素質。

香港一些企業先鋒已認識到，提供優質服務是增加生意和達到其他公司目標的主要途徑。這些公司亦知道，"了解顧客"是提供優質服務的重要原則之一。

搜集意見方法

要取得顧客心中的想法和意見，唯一的途徑就是主動向顧客徵詢。較常見的方法有：意見箱、電話調查、問卷調查、電話熱線服務和顧客茶敍論壇等。

另一種較創新的搜集顧客意見方法，就是定期召集一羣顧客，進行面對面和比較深入的小組討論（focus group meetings）。這類小組聚會的目的，就是提供寧靜舒適的環境，令機構的管理人員能與顧客誠懇的討論各項有關的問題，交流彼此的看法。

顧客提出的意見，機構可以考慮跟進或盡快採取改善行動。如果機構認為那是不可行的話，亦可趁這個機會向顧客解釋，令顧客明白和接受機構某些政策和服務的安排。

機構也可利用小組討論的機會，向成員介紹公司的新計劃或產品，試探顧客的反應。這樣，顧客既可對新產品/服務增加了解，而機構亦可間接提高本身的企業形象。

積極改善服務

目前香港幾家大型公共運輸機構，以及一些傳播及出版組織，都已採用類似上述的顧客聯絡小組計劃，作為直接收集顧客意見和期望的途徑，成效不錯。據悉，香港不少其他類型的企業／機構正打算嘗試推行這類計劃。

但無論使用哪種方法去搜集顧客意見，企業都必須抱着正面和積極的態度。要有效提供優良服務，管理人員就不應預先假設自己已知道顧客的需要，或利用搜集意見的活動作為公關手段。

管理人要堅信服務只能以顧客的期望和想法來界定。了解顧客的想法後，便要作適當的回應或跟進，繼而積極改善服務水平。

1.9

全面品質管理

何順文

要在環球化的激烈競爭中立足，必須
提高對"品質"的認知和追求。

　　現在愈來愈多企業明白到其未來之生存及競爭能
力，有賴其在合理價錢上提供顧客優質產品和服務的能
力。因此，這些企業已積極關注到"品質"的概念，如何
建立一套有效的質量管理與質量保證體系，已成為當務
之需。

　　事實上，品質管理並非一個新的概念，品質圈，品
質控制、員工意見計劃、統計質量控制等等有關計劃，
早已在很多企業內推行多年。但為了打開國際市場大
門，保持競爭優勢，很多企業已經逐漸轉向採取一套綜
合的"全面品質管理"(Total Quality Management，簡
稱 TQM)制度。"全面品質管理"這一詞已成為 90 年代

最流行的管理術語之一，但仍有不少企業管理人員對品質管理存在一些誤解。

"全面"的品質管理

簡單來說，全面品質管理是指集中一家機構所有精力，令每一員工作出承諾，朝着一個不斷改善質量的目標進發，竭盡所能以求滿足顧客需要。全面品質管理並不是一個有始有終的程序，而是一個不斷的、長遠的和全面的品質管理體系，也是一種管理哲學和態度。

全面品質管理旨在管理及產品過程中每一環節活動都要加強質量，包括設計、開發、生產、採購、供應商關係、送貨、安裝、檢查、售後服務、市場研究、財務控制、人事獎賞，及員工培訓教育等。全面品質管理相信，如果整個生產程序重視品質控制(特別是在設計階段)，後期的產品質量檢查工作就可完全避免或減少。全面品質管理強調一家公司必須先改善產品質量，才能配合其他條件來提高如成本效率、價錢，銷量及盈利等方面的表現。

香港的企業在品質管理方面的發展比日本及一些歐美國家落後，其中一個原因就是對"品質"或"質量"一詞未能完全了解。根據品質管理學者加雲(D. A. Garvin)的分析，"品質"並不單只是遵從產品設計需求，更要符合 7 個其他條件：產品表現、功能、可靠性、耐用性、服務性、美觀，及品質評價。

成功品管的原則

　　要成功有效地推行品質管理計劃，必須把握一些基本的元素和原則：

(1) 提供一有助推行全面品質管理的組織文化，並建立重視品質的公司使命聲明。

(2) 全體員工不論階層及部門，都必須對品質作出承諾支持，並由高層身體力行作出領導，鼓勵員工齊心合力一起追求品質目標。

(3) 人力資源管理政策必須配合品質管理體制，包括招聘、評核、升遷、獎賞、培訓教育等活動。企業必須視員工為一重要資源，建立他們所需的品質態度和技能。

(4) 組織之結構、分工、權責、溝通方式、資源設施，及管理制度，都必須配合企業推行之品質管理計劃。顧客的定義應擴展至包括內部及內部的服務用戶，並必須主動提供內部支援部門所需資源和自主權來迅速滿足內外顧客需求。

　　以上都是一般原則，企業須根據自己之內外環境性質和條件，可進一步採用一套明確仔細的品質管理計劃推行策略。現時不少研究品質的專家學者已提出多種不同的推行方案和模式（其中一些理論甚至出現矛盾、衝突），但外國成功的模式亦不一定適合香港的環境，管理人員必須注意文化環境的差異，不可將一些外國模式盲目強行加諸在一機構內。

9 個步驟

根據一些較普遍的品質管理模式和經驗，可綜合為下列 9 個推行步驟：

(1) 分析顧客需求及滿足感；
(2) 辨別所有品質問題及可能解決方法；
(3) 參考競爭對手之品質標準以作比較和改進；
(4) 建立品質標準和評核指標；
(5) 制訂整體有效的品質管理策略；
(6) 成立由高層領導和代表不同單位利益的品質議會（Quality Council），負責推行和監察；
(7) 提供經理及員工足夠的質量訓練，包括概念、態度、技巧和方法；
(8) 在各部門及階層設立"持續改善小組"（continued improvement teams）或品質控制小組，定期聚會，主動關心和不斷改善品質問題；
(9) 利用統計及其他分析工具，不斷衡量和監察品質水平，以確保能滿足顧客需求。

超越 ISO-9000 標準

為求達致卓越管理和確保能打開國際市場大門，愈來愈多香港企業計劃申請品質管理的國際認可證。目前世界上最受重視的品質標準為 ISO-9000 系列（另一較多人認識的為美國 Malcolm Balridge 獎項）。世界上已有 60 多個國家將 ISO-9000 標準轉化為國家標準，在本國推行。

　　事實上，ISO-9000 標準與全面品質管理概念互相
配合呼應，反映了一個不斷追求改善品質的信念。但無
論如何，香港企業要在這個環球化的激烈競爭市場立
足，必須提高對"品質"的認知和追求，並超脫
ISO-9000 的範疇要求，將全面整體的品質管理體制實
際融入企業內每一個流程運作上，這才可確保長期不斷
的優質管理，以及將產品提升至國際級數。

1.10

再生工程與企業革新

李天生

> 相對於漸進式精益求精的品質管理，
> 再生工程便顯得更為激烈而徹底。

假如把"品質管理"比喻為漸進式的改革的話，那麼，"再生工程"（reengineering）也許可以用激烈的革新（或革命）來形容。

再生工程（或譯作企業改造）的定義是：為達致企業業績在成本、品質、服務與速度上有急劇的進步，而對企業營運作業流程（business process flow）重新作根本的考慮，及徹底地重新設計。

相對於漸進式精益求精的品質管理，再生工程的要求便顯得更為激烈而且徹底。

再生工程的定義

再生工程的 4 個要義是：

(1) 再生工程是要求根本的

企業不是問"我們在做甚麼？"，而是要問"我們應該做甚麼？"、"為甚麼我們要這樣做？"

企業若能尋根究底地去探索，便能發現有些習以為常的規則章法都已陳舊過時，不切實際，甚至錯誤，所以需要徹底的革新。

(2) 再生工程的手段是激烈的

它放棄所有現在的組織架構，以嶄新的方法來從事工作。一旦決定了企業的目標，再生工程便要實施最好的方法(而不只是改進目前正在使用的方法)，去達到企業的更高目標。

(3) 再生工程的改革成果是激進的

假如一家公司只要改進 5% 或 10% 的業績，這家公司並不需要用再生工程，因為再生工程的改進目標是 100%，甚至 10 倍之多。

(4) 再生工程的核心是作業流程

企業的整個"流程"需要重新構思，而不是零碎地改變某些"作業"。

甚麼是"流程"呢？為達成企業的目標，而要做的所有作業，無論是平行的(可以同時執行的)，還是順序的工作，都要包含在內。同時還要考慮這些工作的作業程序。

革新的原則

　　企業的再生工程要打破傳統的思考方式，以作業流程為中心來實施改造，箇中有好些原則是需要注意的。

（1）把分散在各功能部門的作業，整合為單一流程，以提高效率。

　　　　譬如 IBM 附屬的信貸公司，原本要經過 5 位人員、5 個不同步驟和 6 天時間來批核貸款。經過整合後，再配合資訊科技的運用，就只需要 1 個人負責，在 4 個小時內便可以完成工作。

（2）假如可能的話，應以平行作業取代順序作業。

　　　　傳統上，投入和產出的觀念應用在部門間的連繫，費時失事。經過改造後，配合新科技的應用（如電腦共同資料庫），便可以將流程的時間縮短。

　　　　柯達（Kodak）公司一種新型照相機的發展程序，就是應用平行作業，和電腦輔助設計與製造（CAD/CAM），成功地將所需時間，從 70 個星期減至 38 個星期。

（3）組織扁平化，以促進企業內的溝通效率。

　　　　扁平化的意思是，在組織的結構裏，上下的層次要減少，管理的幅員（每個人負責管理的下屬數量）則要增加。

　　　　而實施再生工程，通常都會造成組織扁平化。

成功經理啟示錄

5個階段

再生工程的施行，可以分為 5 個階段：

（1）找出核心作業流程

要發掘的問題包括：企業的發展策略是甚麼？競爭上有哪些問題？哪些主要的營運程序和資訊流程會影響總體的工作時間、總成本和品質？

（2）對業績要求訂下明確定義

企業從事營運，依作業流程提供產品及服務。對特定的作業流程應有明確的目標，知道要做甚麼。這樣，就可明確衡量企業的業績。

（3）判斷問題

對實際作業進行仔細考察，尋找問題，並探索問題的根本原因，以便尋求機會改變作業流程。

（4）發展遠見

要有豐富的想象力和判斷力，才能預計某種作業流程的安排將會獲得何種成果。

這個階段應包括：列出重新設計的作業流程有哪些選擇，評估這些不同的作業流程及選擇長短期的再生工程目標。

（5）實踐

實踐最新選擇的作業流程。但是改變是痛苦的，組織和個人都有惰性，大家都習慣成自然，所以個人和組織都抗拒改變。但是吃得苦中苦，方為人上人。

在管理學上，如何減少組織中對改變的抗拒，最基本的方法是由溝通達成共識，同心合力，向目標邁進。

結語

時至今日，企業的再生工程已被許多大公司採用，改革作業流程，以降低成本，並提升品質與服務的水準。就連美國政府也為了改革行政、簡化官僚組織、提高績效去滿足民眾的需求，而廣泛採用企業再生工程。

就算個人的工作和生活，有時或會發覺工作沒有達到預期的實效、生活沒有目標、不知道自己到底在忙甚麼。若應用再生工程徹底檢討自己的生活，進行徹底的改革，就能成為一個有目標、更有用、更快樂的人，那就真的是"再生"哩！

危機管理

饒美蛟

> 偶發的危機，會影響企業的前景，即
> 使不是衰亡，也會令企業元氣大傷。

　　過去幾年，香港及鄰近地區有多宗工業傷亡事件，
相信讀者仍記憶猶新：

＊曼谷開達玩具廠大火，死傷逾百人；

＊香港中華電力公司電力站爆炸，死傷數人；

＊深圳致麗玩具廠大火，死傷逾百人。

　　上述幾件意外，有關公司事發後均措手不及，處理
手法可以說亦有不當之處，影響了企業的聲譽和形象。

　　上述企業是否有一套設計完善的危機管理方案
（Crisis Management Plan，簡稱 CMP）？依筆者的估
計是"沒有"，否則事件發生後應處理得較為完善。

　　我們可以再假設下列幾件假設的事件：

（1）大亞灣核電廠有輕微輻射洩漏，引起香港市民恐慌；

（2）某商業銀行受謠言所害，存戶紛紛前往該行各分行，造成擠提；

（3）某飲品公司被人勒索，犯罪分子敲詐未遂，憤而對傳媒散播謠言，指稱市面上若干該公司的紙包飲品注射了毒藥；

（4）某公司一種暢銷飲品，有報導說含有有害身體的物質。

　　如果你是該公司的主要負責人，你如何作應急對策？這些偶發事件，可以影響企業的前景，即使不是衰亡，也會元氣大傷！

危機案例

　　留意新聞報導的讀者，可能也記得兩家美國跨國公司在 80 年代的重大企業事故：

（1）愛克森（Exxon）石油公司油船 Valdez 的船長喝醉了，導致油船在阿拉斯加海灣觸礁，漏出了數以千萬噸計的原油在海面及海灘上，引起了舉世環保人士的公憤；

（2）聯合碳化（Union Carbide）公司在印度波伯爾（Bhapal）的合資工廠，漏出毒氣，導致數以千計的市民傷亡。

　　這兩家公司由於對危機處理失誤，加上事態嚴重，給公司造成了數以億美元計的經濟損失，而且聲譽也受極大的損害，成為今天管理學上經常引用的社會責任案例。

美國嬰兒食品生產商 Gerber Products 公司也是另一個負面例子。1986 年，美國一份消費者報告說，嬰兒食物瓶內有玻璃碎片，該公司立即否認，並說報導誇張，還堅持說食物很安全，並繼續在市面銷售。由於公司不肯採取行動，結果銷量一蹶不振。

當然也有正面的例子。

1982 及 1986 年 Johnson & Johnson 公司暢銷的 Tylenol 藥品有問題，造成了死亡事件。

該公司在兩次危機均果斷行動，收回市面上的藥品，並停產一段時間，針對問題"下藥"。由於處理得當，兩次事件均很快復元，公司重新佔領原有的市場佔有率。

另一個例子是法國 Perrier 礦泉水。1990 年該公司生產的礦泉水發現衛生有問題，隨即收回市面貨品，並針對問題予以解決。隨後該公司再進行廣告宣傳，聲稱問題已解決，產品銷量不久即復元。

由於企業危機越來越多，企業界已認識到危機管理的重要性，而管理學界亦致力研究有關問題，危機管理成為了一門漸受重視的新興學科。

危機管理方案

這裏要略為解釋企業"問題"與"危機"兩詞的分別。"危機"是指一項重大的、不可預測的事件，對企業有潛在的、負面的效果。同時，事件的發生及事後，對組織機構及其員工、產品、服務、財務及信譽可能造成重大的損害。

至於"問題"，則是企業常見的運作問題事項（如流失率高、資金週轉困難等）。

以範疇來說，"問題"的範疇較窄，並且不太引起公眾的注意。相反，"危機"涉及的層面較廣且大，管理層需靠機構內多個部門協力才能奏效，有時甚至需要外間顧問的協助。

"危機管理"的核心，是編製一項"危機管理方案"（CMP）。

對企業來說，CMP 是一項公司內部秘密文件，方案內容必須經常檢討或更新。

一般而言，CMP 屬於公司的正式文件，它包含下列內容：

（1）導言：以公司總裁來函形式說明公司對 CMP 的重視；

（2）危機小組成員書面聲明已詳細閱讀並了解 CMP 內容；

（3）危機小組的領導成員（附聯絡地址及電話）；

（4）危機小組及顧問成員（附聯絡地址及電話）；

（5）危機風險的評估（包括潛在的災難等）；

（6）危機發生後的有關文件（譬如發生地點、問題所在、負責人等有關事項），作為未來追溯責任或法律用途的憑據；

（7）資料的所有權：未得到公司總裁批准前，有關資料不能洩露；

（8）行動步伐：甚麼時候要做甚麼事？

（9）企業的往來銀行、客戶、有關官員的聯絡地址及電
　　　話，以便第一時間聯繫；

（10）傳播媒介名單及其地址、電話；

（11）財務及法律責任的評估；

（12）"危機中心"：清楚說明中心所在地及有關資源如何
　　　調配；

（13）危機後的評估。

結語

　　"危機中心"，是危機發生後的指揮中心。

　　此外，公司還要訂立一個固定的發言人制度，使到
有關危機資訊的傳播快捷準確，不會互相矛盾，以免引
起恐慌（像美國三里島核電站故障事件，暴露了核電公
司沒有專家提供即時訊息，引起市民恐慌）。

　　如果企業有個良好的 CMP，危機發生後又能有效
地付諸施行，解決問題，則危機可以很快消滅，對機構
的殺傷力也可以大為減少。

1.12

企業的道德責任

何順文

除追求利潤外，企業對社會應負有法
律以外的責任……

　　如果大家有留意電視廣告，會發現有如下一個洋酒
廣告，內容謂兩個大集團進行土地買賣交易，賣方故意
隱瞞有關地質鬆疏的資料，簽約後並以此洋洋得意，更
背後揶揄對方無知受騙，怎料買方早已洞燭先機，土質
正合他們興建海底隧道入口之用，才智決策果然"高人
一等"，值得飲杯慶賀云云。

　　這個廣告既反映出商場一些有違"商業道德"行為，
亦引伸出面臨九七，香港商人及經理人員，更容易趨向
短線"唯利是圖"的心態行為。

　　無疑，香港一向憑其有效率、高創造性及反應靈敏
的商業表現稱譽於世，但亦有部分外地人士批評香港商

人及經理人員缺乏商業道德，容許不少"不道德"商業行為存在。

依循商業道德

簡單來說，"道德"就是根據一個社會可接受的行為方法而確立的原則和價值觀，以作為社會上個人行為操守之指引。商業行為也可分類為哪些是"是"，哪些是"非"，大家在商界裏都應跟着這個原則辦事，確保活動之動機、手段和可能後果都不但遵從律例，也合乎社會道義。換言之，企業除追求利潤外，對其所處的社會要負起法律以外的責任，作出貢獻以提高社會的生活素質。

例如我們都同意在商界必須講求信用承諾，我們也視例如售賣膺品、欺詐顧客、經紀"食價"、誤導性廣告、對僱主不忠誠，及不正當取得競爭對手資料等損害他人利益的行為是有違商德或非法的。正面來說，我們期望企業管理人員能確保公平誠實交易、保護環境、提供平等僱用政策、尊重員工及顧客個人權益，減低失業率，和生產安全高質產品等。事實上，管理人員個人利益與其他人（如僱主、供應商及顧客）的利益並不是對立衝突的，相反，企業活動的參與者必須互相信任、合作來取得各自的利益。

然而，香港商人和管理者對"商業道德"概念的理解和標準，可能因地域文化而與外國不同。根據一些研究結果顯示，不少本地經理人員認為，某些非法行為（如送禮給公務人員）並非如此不道德，有些人則相信不違法的行為就是合乎道德標準的行為，更有些人接受商業道德標準可以比個人道德標準要求為低。

道德水平下降影響聲譽

商業道德水平下降，會為社會帶來不少負面的影響。企業和管理人員不自律，罔顧道德和社會責任，一方面可能會受到有關人士的報復行為或法律制裁，另一方面也會令政府制訂更多法例來監管和約束商業活動，很多時吃虧的就是企業本身。另外，不道德行為也影響公司的形象聲譽，令顧客和生意流失，員工士氣低落及投資者卻步。長遠來說，這個趨勢令商場內的人失去互相信任，社會失去和諧，產生混亂。

當然，現實環境內一些商業道德決策，往往並非只是"是"與"否"或只得兩個答案選擇那麼簡單。企業往往要兼顧經濟利益和社會利益，在兩者之間作出一"比重抉擇"。例如一化工廠，如要有效處理廢置物料，就需額外成本添置設備，這就直接影響到機構的盈利，可見這個"比重抉擇"並非一"兩極選擇"那麼簡單。

類似的商業道德衝突問題實在複雜，有多個方案可供考慮，而每個方案的後果及出現機率亦不確定。因此個人的道德標準往往未必足夠用來解決商業道德問題，而須倚賴管理人員對事件作出恰當理智的道德分析和判斷。

成功經理啟示錄

改善商業道德

在實際環境裏，個人或企業有 3 種不同原則可用來協助解決商業道德衝突——

(1) 要以社會大多數人利益為依歸；

(2) 要保障基本人權；及

(3) 要堅持公平一致原則。

在應用這 3 種原則時，應能平衡不同利益單位的需要，包括社區及其環境、顧客、員工和股東。新一代的經理人員，亦要視所有受他們決策及行為所影響的人為顧客般看待，保證雙方互相信任、合作，和皆能獲益。

要改善香港的商業道德水平。長期來說，除要加強所需政府立法和執法工作外，政府、學校及傳媒明顯地需要加強在商業道德方面的教育，令青年人更主動多關注周遭可能出現的商業道德衝突問題，以及能有效地作出道德分析和判斷，制訂出能反映自己期望道德標準的決策。例如近年來的消費者運動已令更多消費者明白自己的基本權益，有助提高商業道德水平。

企業在預防或打擊不道德行為時，可依賴內部管理控制，如制訂合乎道德的企業目標和策略，確立操守守則，成立"道德委員會"及進行員工教育和溝通等。

追求卓越的管理，應包含為本地社羣作出貢獻。因此企業應積極支持各種尋求改善社會福祉和人類生活質素的社會活動計劃。很明顯，企業管理人員在未來亦需要更關注有關社會道德責任的問題，和明白到自我的利益與他人的利益可以是一個"雙贏"(win-win)的局面。

2

組織行為與人事管理

人事管理
還是管理人事？　劉忠明

> 很多人投訴公司有"人事管理"的問題，其實他們有的是"管理人事"問題。

"劉博士，不知道你們能否為我們公司安排一些講座，讓我們明白人事管理的問題呢？"

"很好，我們商學院有多位擅長人事管理的專家，但不知你想了解招聘、評核，還是勞資關係的問題呢？"

"不，不，我們想知道如何處理人事糾紛，如何使同事盡力工作等人事上的問題……。"

區分"人事管理"及"管理人事"

我們很多時都會遇見以上情況。很多人投訴他們公司有"人事管理"的問題，其實他們有的是"管理人事"問題。我們也許應將兩者分辨清楚，這才有利於管理我們的人力資源。

"人事管理"（或稱人力資源管理），其實是指公司內一種營運活動，與市場、財務、生產等管理工作相若。人事管理針對的是甄選員工、安排工作、員工考績、訓練與發展、薪酬管理、勞資關係事務，主要是如何運用"人力"資源。

上文的要求，都不在"人事管理"所包括的職能之內。那是每個管理人員都要面對的"組織行為問題"。不論你是在市場部、人事部、財務部或生產部，這類人事問題都會出現，都應該管理，所以是屬於"管人"的範疇。

籠統來說，這些問題都會在商學院的"組織行為學"科目中談及，而非在"人事管理"的範疇中。

在管理人事（或組織行為）中，主要談的是領導工作、溝通方法、處理團隊工作、衝突管理、企業文化、工作設計等問題，同時也討論人的基本差異（如態度、性格、學習方式等）。

故此，若工作發生人事問題時，不要立刻希望從"人事管理"中找尋答案，反而要在"組織行為學"上尋找解決之道。

管人是一門學問

有人說，這些管理方法都是普通常識，不需要研讀甚麼理論，有足夠的管理經驗，便可解決問題。

這句話不無道理。一般的管理理論，都是從累積的經驗得來。

但一個人未必有全面的管理工作經驗，特別是初出道的管理者，需要從別人的經驗中吸取教訓，此時，課本上的知識便有重大的參考價值。

很多人都對管理學有誤解，認為財務、市場等學科，才要認真學習，管理則只需靠天分靠經驗，便可以了。

然而，管理人事是一種藝術，也是一種科學，需要培訓和實踐，才能恰當的運用。

在眾多"管人"的問題上，最重要的，可算是"領導"這一環節。要下屬心服口服地為你（及公司）賣力是件艱難的事。

很多時候，同事都會訴說某些老闆徇私、某些老闆不體諒、某些主管太過嚴格，無人情味，要求過高等。

要成為一個受下屬歡迎，又能利用他們的資源來完成公司目標的領袖，是艱巨的工作。

從修身到管理人事

美國的高菲博士（Stephen R. Covey）指出，成功和有效的領導者，需要有一套原則（principle），來作為辦事及管人的中心思想。若能夠將此等原則轉變成工作上（或生活上）的習慣，便能在領導方面游刃有餘，得心應手。

他指出最基本的是重拾有道德的人格。他觀察以往成功人物的例子，發現成功者的特徵，是有一套整全的原則，如追求誠實公義、人的基本價值、服務、有素質及卓越的要求等。

高菲博士又認為，一個人若有這些原則作為生活/處事待人的指導性思想，便可以達致更有效的領導，成為"人見人愛"的人(或領導者)。

這個說話的重點，是由人的內心及認知出發──若能先修身，便能搞好人際關係，那麼作領導便不會太難。雖然高菲並沒有考慮到工作環境(例如工作性質、同事素質及需要)等問題，但仍不失為值得我們借鏡的經驗。

2.2

香港勞資關係的發展

敖恒宇

> 不少企業都不會刻意推行促進勞資關係的政策，直至出現嚴重糾紛後，才慌忙去尋找問題的癥結。

提到"勞資關係"，很多人會不期然想起一幕幕勞資糾紛——工會採取工業行動，資方拒絕讓步，政府嘗試介入調停。

事實上，勞資糾紛的出現，是僱主與僱員關係惡化產生的一種結果。事件的背後，可能是千頭萬緒，成因積結甚久。

亡羊補牢　不合時宜

在 90 年代的今天，隨着第三產業的興起，人力資源管理的重要性已毋庸置疑。如何與全體員工建立一個良好的僱傭關係，令他們安心為公司效命？對管理人員來說，既是一個挑戰，也是責無旁貸的職務。

實際情況是：不少企業一方面肯定和諧融洽的勞資關係的好處；另一方面卻視之為當然，並不會刻意推行一些用以促進雙方關係的政策，以配合時代的轉變。直至嚴重的糾紛出現後，才驚覺維持正常關係的重要，抱着亡羊補牢的心態，慌忙去尋找問題的癥結。

據筆者所見所知，只有很少大企業，聘用專業人員專責處理公司內部的勞資關係。

此外，在人力資源經理眾多職務之中，"着意去促進整體良好僱傭關係"，往往可有可無，甚或徒具虛文，因此所分配的時間和資源都不多。若非"頭痛醫頭，腳痛醫腳"，便是將這個"較高層次"的目標，附於其他人力資源實務之內，不會為此獨立制訂政策，或深入分析有關問題。

這種取向和處理手法，在今天的商業世界既不理想，也不合時宜了。

誠然，本地企業不大重視勞資關係的管理，有其歷史因由。80年代以前，香港經濟以製造業為重心，藍領工人佔了就業人口的大多數。這類僱員的特徵是心態功利，接受權威程度高。他們在工作上如有不滿，若非逆來順受，便是另謀高就；鮮有訴諸集體力量，或與資方共謀改善。另一方面，僱主亦慣於高高在上，在工場上扮演家長角色。

不過，今天的勞動市場是以白領僱員為主。這類僱員的教育程度高，講求工作素質，而且懂得爭取權益。面對新一代的僱員，資方的舊方法、舊心態當然是過時了。

企業欲與僱員及他們的工會維持衷誠合作的關係，看來並非單單沿用舊模式，或是借鏡外地經驗即可成功，最終還是要依賴雙方共同努力。

有效的原則

企業要有效地管理勞資關係，使之有利於對外競爭，便必須要考慮員工的組成及特徵、企業的內部架構、工作安排、經營策略等具體情況，從而制訂出合理的政策。

有些基本的原則，對於促進雙方關係，相信是放諸四海而皆準的，其中包括：

- **誠** 誠懇和坦白，願意執行承諾，言行一致。
- **明** 開明和開放，增加資訊透明度，不粉飾太平。
- **諒** 諒解，懂得體諒對方的立場，留有退讓的餘地。
- **通** 意見通達，廣開對話及溝通的途徑。
- **尊** 尊重和平等，不怠慢也不輕視對方。
- **實** 務實，按步就班，避免輕言寡諾。

以上原則並非泛泛之辭。據筆者了解，本地一些華資企業，當他們嘗試建立以僱員為本的企業文化時，都曾經強調這些價值與信念，並且落實執行。結果加強了公司的凝聚力，提高僱員的的歸屬感，使勞資關係和衷。

　　要弄好勞資關係，企業要付出的代價並不太大，但一旦企業內部穩定團結，便會為企業帶來很大的優勢。

3重角色觀念

溫振昌

每一員工都有 3 重角色：執行者、
學員和教員。除了份內工作，他也該
爲前途打算，亦需培育接班人。

尹偉剛，Samson，是約有一年工作經驗的
computer programmer。有一天，他的上司向他説：
"Samson，你的職位很重要，我非常看好你，希望你會
盡心盡力做好你的工作，對公司作出貢獻。"

Samson 很自然地答："我會盡力去做，不會叫你
失望。"

可是，Samson 心中正嘀咕着："有關 computer 的
工作正不斷發展，不愁沒出路，在這裏盡力去幹，功勞
只會屬於你，我自己只有辛苦而已。"

呂慧真，Alice，任職某銀行外匯部約兩年。她的

上司經常表示她應該多用些時間認識他的工作，為將來升級作好準備。

每次 Alice 都會答："多謝你的提拔，我會多留意，有機會一定向你討教。"

其實，Alice 的心底話是："廢話！與我資歷相同的不只一人，況且工作已很忙，哪有空去瞭解你的工作？你自己升級前也沒有甚麼特別準備。總言之，要升便升，到時船到橋頭自然直。"

章德恩在一家建築公司擔任結構工程師差不多 3 年了。最近，部門經理告訴他："剛聘請了一位 Junior Engineer。他有兩年工作經驗，目前協助我處理工程合約。你要多多指導他，讓他多認識我們的運作，特別是你的工作，他可能會是你的助手。"

"請放心，我會盡力去幫助他適應我們的工作。"

可是，章德恩其實在想："Wait a minute，若他可以掌握我的工作，豈不是可以代替我？哼，要我傾囊相授，No way。"

急功近利有害無益

以上的例子，很可能你也曾經聽聞，甚至是其中主角。

在資本主義社會，每個人對他的知識都有擁有權，他可以選擇去運用（或不去運用），又或是只運用其中一部分。不過很多時，自由選擇不一定對他自己有益，可能反而有害。

Samson、Alice 和章德恩表面及內心不同的反應，在今天這個功利社會看來都是人之常情。但這一類"人之常情"的行為和心態，可能傷害他們，只不過在當時不明顯，及後才會表露出來。

Samson 的心態傾向苟且貪逸，看見自己行業正處於蓬勃期，工作機會很多，便覺得可以輕鬆一點──縱使上司不滿也會因為人力市場上求過於供，職位可保平安。

但試想想：當市場過了蓬勃期，人力資源供求平衡，或甚至供過於求，Samson 的處境便會出現危機。

Alice 的敷衍行為和 Samson 的心態很接近。若果真是因為她不認真學習而失去升職的機會，相信她必定會非常後悔。未雨綢繆的觀念，似乎不在 Alice 的腦海內存在。

至於章德恩的推搪心態也有商榷餘地。他可以辯稱：學習必須是靠自己掌握，旁人指點可能會妨礙建立自己的學習能力。

但請想想：若果每個人的知識都是單靠自己學習而來，社會的發展便會慢得多了。

有效的知識累積和傳遞，是社會發展的先決條件之一。一個企業的運作亦如是。企業的經驗，若能有效地傳遞，會減少新來者的學習時間，對企業的效益有一定貢獻。

撇開對整個企業的貢獻而言，章德恩的小心態度（也許帶點自私），未必能保護他的地位。

因為不願意協助人者，人際關係往往會出現問題，與人合作時會比一般人遇上較多困難，工作也不會順利（除非工作性質是不用與別人合作，如畫家）。一個難與別人合作的人，只會給自己的事業放下絆腳石。

Samson、Alice和章德恩的態度，不一定表示性格有問題，很可能只是由於缺乏提醒和訓練，在急功近利的社會氣氛下，不自覺地表達出來。

3 重角色的啟示

早年的管理思想發展，也有相關的論說。最明顯的是郭拔夫婦（The Gilbreths）提倡的 3 重角色觀念（three-position plan）。

3 重角色的觀念，主要是指出：每一個員工都具有 3 個不同角色：

第一，他是工作執行者（doer）。

第二，他必須不斷學習進一步技能或知識預備升職，因此，他應該是學員（learner）。

第三，他必須有責任栽培後繼人或接班人。因此，他也是教員（teacher）。

一個員工不是單單做好他份內的工作便算了，也應該為自己的前途做好準備及培育接班人。

郭拔夫婦指出：3 重角色概念是一個完整的員工培訓計劃。可以想象的是：若一個員工做好他的工作，亦具備升職的條件；但當他升職後才發現沒有適當人選可接替他原本的工作，豈非為自己和公司製造不便，甚至影響公司的運作或業績。

大多數員工培訓計劃只是偏重於工作實務方面，對
員工的心態培養則較少。（近期有專注培養組織文化的
出現是一個可喜現象。）

　　相信郭拔夫婦的 3 重角色計劃，可以給現時任職
員工培訓的朋友參考，也可以給每個工作的人，無論是
哪個行業，哪個職級，都有一點反省的啟迪。

工作間的人權問題

敖恒宇

工作上的歧視及不平等，影響了員工
的士氣，僱主不容忽視。

　　隨着經濟發展及社會進步，人權 問題在香港越來越受大眾關注，更有立法局議員強烈要求政府成立"人權委員會"，處理有關事宜。

　　對於上班族來說，工作間的人權保障是個切身問題，直接影響個人的權益。

缺乏有效的立法保障

　　由於社會比從前開放，年輕一代又比上一代接受更多教育，對"工作生活素質"（quality of work life）的要求更高。提高僱員在公司內的人權保障正是大勢所趨。

若僱主能夠作出相應的措施，制訂新的人事政策，相信人力資源管理的效果會更理想。同時，企業亦承擔了對僱員應負的責任。

舉個例，公平的就業機會及待遇，普遍受"打工仔"歡迎。無論是"藍領"或"白領"僱員，都應該同樣地享有免受歧視（不公平對待）、欺壓及騷擾的權利。

然而，由於政府一貫的不干預政策，香港並沒有像其他國家那樣制訂有關法例，去保障上述的僱員權利，而是任由僱傭雙方自行處理。因此，在某些情況下，僱員便較為吃虧了。

一些本地僱員也許認為歧視的問題並不嚴重，只要經濟繼續繁榮，所有僱員都會同樣受惠，個別人有差異是可以接受的。

部分僱主更覺得立法保障公平就業機會，將會帶來不少麻煩，徒然畫蛇添足。

企業宜自訂合適的政策

事實上，就業上的歧視及不平等情況，確然在某些行業內存在，影響業內"少數羣體"（minorities）應有的權益，亦有損他們的工作士氣。

新移民，因為口音不正被老闆壓低工資；中年婦女找不到一份酒店雜工的職位，只因為招聘廣告指定性別或限制年齡；外勞被僱主要求加班工作，但工錢則被諸多藉口扣減；大學講師，因為沒有外國護照，享有的福利便較少……例子不勝枚舉。

此外，有研究顯示：男女僱員的待遇有明顯的差別，無論薪酬福利或晉升培訓機會，一般都是男性佔優。這些差別，不一定跟個人的學歷、經驗或是工作表現有關。

更嚴重的，是性騷擾及上司威逼恐嚇等問題。雖然並不多見，但值得大家重視，否則會令辦公室人心惶惶。

要解決及避免這些問題，最直接的，莫過於企業訂下合宜的政策正面處理這些問題，為僱員製造一個公平而清正的工作環境。

認可僱員權利

再進一步，僱主可以考慮公開認可僱員在工作間的一些權利，並落實執行，以贏取他們的信賴和效忠。

這些權利包括：

1. 享用安全而健康的工作場所，避免意外及職業病。
2. 享有組織及參與工會的自由，免受"不公平解僱"（unfair dismissal）。
3. 享有"僱傭知情權"，清楚了解每項僱傭條件及細則。
4. 有申訴冤屈、表達對工作不滿的自由。
5. 享有私隱權及人身自由。

在現存的制度上，上述的僱員權利，並未受到充分保障。

當然，政府可以在立法方面多做一些工作，並透過勞工處提供有關的指引。

筆者相信，僱主可以扮演一個更積極和主動的角色，長遠來說，對勞資雙方都是有利的，同時也更切合 90 年代的新形勢。

2.5

不一樣的同事

劉忠明

> 人的獨特性雖然令管理工作變得艱
> 難,但卻令人們的生活多樣化。

　　當管理人員推行新政策時,往往會受到一些阻力,
此時他們會問:"為甚麼其他同事不認同我們的看法?
為何他們有這些態度?"

　　另一方面,一般同事對公司的政策也會有不同的理
解。例如公司業績不太好,管理層宣布要裁員 10% 的
時候,有些同事覺得自己會是這"10%"的成員,也有同
事會覺得自己永遠不屬於這"10%"。

　　為何不同的人對公司的政策會有不同的理解呢?

　　最簡單的解釋是每個人都是不同的,張先生跟李小
姐不單在性別、身型、外貌及喜好上不同,最根本的是
每個人的心理取向也不同。

人的獨特性

組織行為學家最喜歡研究人類的不同之處，因為他們相信人的獨特性，是引致組織內不同行為的基本因素。

例如有些同事會對公司有較強的投入感，他們願意花多些時間及精力在公司的事務上，另一些同事則只會得過且過，敷衍了事便算。

組織行為學家認為，關鍵在於每位同事皆有不同的性格、態度，以至識知方法，所以他們對公司及其他同事都有不同的解釋及看法，這些看法更會左右他們的行為。

性格影響處事態度

"性格"，是指我們每一個人某些內在的耐久特性，這些特性往往被認為是用來分辨不同人種的一個好方法。

性格有部分是由遺傳因子決定，但大部分是由後天因素影響，例如社會、文化、教育等都會令人在成長時的性格產生變化。無論如何，每位同事都有一些獨特的性格。

性格特徵不一定是指內向、外向這些被普遍接受的特性；在組織內，另一些性格特徵可能有助於認識人類行為。

例如"控制軌跡"（locus of control），它可以幫助理解為何一些人會積極解決問題，另一些人則會消極的逃避責任。

控制軌跡指出人對自己的將來及將會面臨的事情有兩種看法：一是相信自己有能力掌管前途，一切將會發生的事情都在自己掌握之中；另一種看法是無奈的，認為將來的事情由命運操縱，事件的發生是隨機的，人並不能改變天意。

若同事採取前者的看法，他們便會有信心面對難題；反之，若取後者的看法，則不會盡力解決問題，只是胡亂應付了事。

至於另一項有趣的性格特徵便是"教條主義"。

持濃厚教條主義的人會信奉制度及政策，並視之為金科玉律，不能更改，因此不能接受改變。反之不信奉教條主義的人，則較有彈性，願意嘗試新事物，能接受公司的轉變。

滿足感及投入感

"態度"是另一種心理取向。

在公司裏，工作滿足感及投入感是兩種重要的工作態度。

滿足感是指對工作、公司政策、同事、薪酬等因素的總體判斷。若某人的工作滿足感較強，則他缺勤及離職的機會亦較少。

而與滿足感有關的便是投入感，這是指同事是否願意留在公司服務。當然投入感有多種，如情感上的投入及不能找到離開機會而被逼"投入"。

　　無論如何，若管理人員能明瞭下屬的工作態度，就會較易管理人力資源。

識知方法的異同

　　在各種影響同事行為的因素中，"識知"（perception）可算是一個重要的因素。

　　識知是指人如何獲得及闡釋外在環境的資訊。例如前面有關裁員的例子，有些人可視之為震驚的消息，有些人則認為不是甚麼大不了的事情。

　　這基本反應的分別可能源於對"裁員"有不同的理解，個別同事在組織及解釋"裁員"這個訊息上有不同的處理方法。

　　既然人在處理外在環境的資訊時有不同，那麼人的識知過程必然有偏差，而我們便不能說自己的觀察一定是必然正確的。

了解與接納

　　同事間有不同的行為，有不同的態度是很自然的事，主要是各人的基本心理取向有差異。

　　所以不同的性格、不同的識知過程，以及不同的態度會構成各種不同的人，而管理人員的任務是了解及接納各人的獨特性，以致在決定激勵方法時，有所依循，不能用同一方式領導所有人。

此外，管理人員在部門內工作時，也要明白同事在隊工裏可能出現的矛盾，以便及早預防。

　　總而言之，人的獨特性雖然令管理工作變得艱難，但卻令人們的生活多樣化。

　　難道你希望公司內各同事都有完全相同的舉止、相同的看法和相同的思想，令自己像活在機械人堆中嗎？

2.6

個人與組織的契合

敖恒宇

公司有其邏輯運作與運作機制，不單
超乎個人，甚至是對全體成員有要
求、有限制……

也許你曾有這樣的經驗：你由一家公司轉職到另一
家公司，滿以為可以大展拳腳，一伸抱負。

但很快就發覺難以投入新的工作崗位，原因既非個
人能力不逮，亦非新公司內人事複雜，也不是因為你對
新職位期望過高。

你再三思量，自問已盡了本分，未明何以在公司內
總有一種"格格不入"的感覺，局限了你在工作上的發揮
和表現。

從管理學觀點來看，個別僱員與企業組織的契合
（individual-organization fit），並非一件理所當然的事

情，箇中頗為微妙。

誠然，任何一家公司都是由個人組成，但公司運作自有其本身的邏輯與機制，不單超乎個人，甚至反過來對全體成員有所要求和限制。

若僱員的思想行為與公司的期望吻合，則雙方如魚得水，相得益彰。反過來說，若兩者出現脫節，個人將會感到無形的壓力，日常工作的情緒也受到一定的影響。

共享企業文化

當中一個重要的因素是“企業文化”。“企業文化”是公司內僱員共同分享的信念、做事方法及價值觀。

它的主要作用，是令公司上下齊心，是企業內部互惠合作的基礎。“企業文化”是需要付出時間建立、鞏固，才能為大多數僱員所認可。

問題是，公司內的一些僱員（例如新同事）未必完全接受一套既定的“企業文化”，甚至由於個人的經歷、工作習慣及價值取向，與“企業文化”出現互斥的情況。

陳先生是保險從業員，在A公司服務多年，對於公司的制度瞭如指掌。A公司的文化，強調內部融洽及穩健務實的作風，陳先生對此套價值觀早已潛移默化。

當陳先生轉工到B公司時，他遇上很大的麻煩，因為B公司正發展一套講求競爭與增長的“企業文化”，管理和獎賞制度都是以此為依歸。陳先生與其他

新入行的同事不同，他發覺很難一下子改變自己一些固
有看法，去迎合公司講求個人表現及內部競爭的信條。

了解組織結構

另一個因素是企業的組織結構。其中包括公司內部
的職能分工、層級化、常規化及決策集中的程度。

組織結構影響僱員的權責及同事間的工作關係。有
些企業的結構頗為鬆散，着重運作的靈活性，給予員工
的自由度很大；有些公司組織嚴密，層級分明，規章明
確，對員工的約束相對地較大。

現實的情況是，一些僱員需要公司給予較多的思想
和活動空間，才可充分地發揮他們的工作潛能，因此他
們較為適合在權力下放、層級不多、規條較少的企業內
任職。另一些僱員剛好相反，他們怕模稜兩可的處境，
喜歡高度穩定、權責清楚、中央集權的工作環境。

有趣的人事組合

最後一個有趣的因素，就是公司內的"人事組合"
（organizational demography）。

"人事組合"是指全體僱員在年齡、性別及學歷上
的分布狀況，此影響企業內部的人際關係網絡。讀者或
會同意，年齡、性別及學歷背景相同的同事，會較易走
在一起，互吐心聲。

試想想，若你進入一家公司工作，同一部門的同事

跟你的年齡、經驗和學歷都有很大差別，你會發覺不易打入他們的圈子。同樣地，一位男（女）士進入一個全女（男）班的工作間，他（她）也許會有一種不自然的感覺，需要慢慢摸索跟異性同事在公事上合作之道。

積極解決"不協調"

面對上述的公司與個人"不協調"問題，又可以怎樣做呢？

其實，對於僱員來說，最簡單的莫過於設法適應現況，排除偏見，努力克服心理障礙。

另一方面，當考慮轉工的時候，也許可以多花一些工夫，從各方面去了解新公司的風格和特色，看看是否為自己所接受，以免日後出現"格格不入"的情況。

對於企業來說，可以考慮提供一些入職輔導及培訓課程，幫助新加盟的員工適應工作環境，及協助他們處理事業發展上所面對的問題。

2.7

人事組合

敖恒宇

> 要與背景不同的同事，為着共同的目
> 標，愉快而協調地合作，是管理人一
> 大挑戰。

　　香港是國際商業城市，我們每天在工作上，需要接
觸來自不同地方、不同背景的人，又或是與他們一起共
事。

　　來自其他種族，擁有不同文化背景的同事，由於成
長環境異於土生土長的香港人，他們往往有不同的價值
觀念、行為準則及處事方式，跟香港人既有的一套迥
異。

　　因此，與他們合作的時候，也許會感到欠缺默契，
無所適從，甚至互相猜疑，產生摩擦，繼而影響整體的
工作表現。

另一方面，儘管公司內的所有同事全為"生於斯，長於斯"的香港人，但是各人不同的背景，仍會影響彼此的衷誠合作。

　　這些背景差別包括年齡、性別、學科訓練及社會階層等，令每個人擁有不同的價值取向及工作態度。

人事多元性

　　"人事多元性"(human diversity)是 90 年代辦公室的一大特色。明顯地，企業內部的人事組合比從前更為複雜和多樣化，由此而產生的管理問題亦更多。

　　"如何與背景不同的同事，為着共同目標，愉快而協調地合作"，對於個別僱員及管理人員來說，都是重大的挑戰。

　　這個問題，在西方社會越來越受到重視，原因有三。

　　首先，"人事多元性"既是一個趨勢，亦同時為企業帶來若干優點。例如不同僱員透過團隊合作，互補不足，互相學習。

　　此外，由於彼此的觀點/角度不同，既可集思廣益，亦可激發創意。

　　其次，部分企業越來越強調小組協作，嘗試建立"團隊精神"，用以維繫員工及提高他們的工作效率。在團隊之中，人事的配合，至為基本。

　　最後，辦公室複雜的人事組合，會引發不少人事問題，例如歧視、性騷擾、衝突鬥爭等。要解決這些問題，我們需要從根本入手，正視"人事多元性"的現實。

也許有人認為，只需加強員工的溝通技巧，改善他們待人接物的方法，便可以處理有關問題。例如，令員工的外語説得更好，便可跟外籍同事相處愉快。

避免先入為主的評價

要增進同事間的相互了解與尊重，令工作關係變得融洽、和諧，便要從員工的心理着手。

大多數人心目中 對於別的羣體，都充滿多樣的定型（stereotype）及偏見，這些先入為主的看法，會影響人們怎樣與別人接觸及交往。

例如公司新聘用了從大陸來的外地勞工，不少香港人會認為這些外地勞工見識有限，思想落後。

又例如，一個新來上班的女同事，已多年沒有做事，我們會認定她大概是"賺錢買花戴"，無心事業。

很多時候，我們會對別人先下判斷，再找實際的例證去肯定我們的看法，而不是從該人的言行舉動，去評價他/她的人格與工作表現。

這些不公平的判斷及定型，主要源於過往我們與這類人的接觸，憑經驗總結一些典型印象。一般人慣於根據這些印象和經驗，去推斷別人的特性。

想克服這種慣性心態，便要排除對別人不必要的偏見及定型，以開放持平的態度，與背景不同的同事相處和合作，互助互惠，齊步邁向同一目標，這都是對所有僱員極為重要的。

企業的角色

企業在"人事多元性"中亦需扮演積極的角色：

1. 加強員工的培訓與輔導；

2. 增設心理學課程及溝通學習小組；

3. 嘗試建立和諧的"企業文化"；

4. 提供開放的工作環境，容納不同背景的人才，接收不同的意見。

透過這些做法，企業才可以更有效地處理"人事多元性"所帶來的問題，從而有利企業內部的運作。

2.8

隊工是管理神話？

溫振昌

隊工是個有建設性的管理概念，但問
題往往出現在運用方面。

近年，"隊工"（teamwork）是一個頗熱門的管理話
題。這個概念和一般紀律部隊的隊工有很大分別。

一般紀律部隊的隊工是由一位上司帶領一羣下屬去
完成任務，但現時所談的隊工是指一批同級員工的合
作，基本上沒有涉及上司和下屬的從屬關係。

在觀念上，隊工能比個人更有效地處理工作，因為
羣策羣力，可以補充個人的不足。而且，在隊工的概念
中，管理人員介入較少，員工可以自由地處理問題。

還有，隊工可以減少管理人員對員工思維的影響，
從而增加員工對工作的創意和投入感，更可以培養出員
工自發地改善工作素質的精神。

與品質圈異曲同工

隊工的概念大致上和日本式的管理有很多相似之處，特別是強調羣體的成果和第一線員工對工作的重要性。這也和曾經在香港備受推崇的品質圈有異曲同工之妙。

品質圈強調第一線員工對產品的有關問題有一定的認識，假若他們有機會積極地表達意見，便可以提高產品的素質。

隊工的構想更進一步，不單在運作問題和產品素質上鼓勵員工參與，更指出任何工作都可以隊工形式去處理。

由於競爭日益加劇，機構面對的再不只是效率問題，而是如何創新。

不少報導指出一個機構的創新能力，可以直接影響機構的生存機會。隊工的興起正是回應這個要求，因為理想的隊工可以釋放員工的創意和更有效地提高員工對工作的歸屬感和責任感。

一些大公司的經驗也可以印證隊工的效果。聯邦速遞（Federal Express）和波音飛機廠（Boeing）採用管理人員隊工化，成功地增強生產力，減少內部官僚現象和更有效地運用各人所長。

提防"借橋"立功

看來，隊工是管理觀念上的一大成就。可是，很多人也和筆者一樣，接觸到不少叫人失望的例子。

筆者的朋友王先生，在一家電子廠擔任廠務工程師，他的工廠非常鼓勵隊工概念，每個產品的生產程序都會由一組工程人員負責，這既可集思廣益，更可減少因個人一時大意而出現的錯誤。可是，王先生的感受卻非常負面。原因是小組內某君對很多問題都是一知半解，但因為他的表達能力較好，每每能將別人提出的解決方法改裝成為自己的意見，而且很得上司的讚賞。不過，同組的人便很不服氣。

直至最近，組員對問題便顯得漠不關心，除非上司明確地委派某位員工負責，否則大家便守口如瓶，不願意給別人"借橋"立功。

在這個例子中，不排除妒忌的可能性，但也反映出一些在隊工內存在的現實問題，例如個人表現遭受壓抑和工作構思容易被別人盜用。

這是否意味隊工概念只是一個管理神話，是一個不能實踐的理論呢？

不宜隨意運用隊工

有經驗的管理人員都會體驗到，無論一個管理理論是如何美好，但假若運用不得其法，便會為企業及員工帶來不少傷害。

同樣地，隊工是個有建設性的管理概念，但問題往往出現在運用方面。

首先，並不是每一類工作都適合採用隊工概念。因為隊工的成本不輕（例如整隊員工花時間去開會和反覆討論／爭辯）。除非員工的交接對工作有很大幫助，否則，隊工只會帶來不可實現的期望和浪費資源。

其次，隊工不是只強調小組而置個人不理。相反地，個人的賞罰仍是需要的。管理人員必須充分了解隊內成員的合作和個別表現，更必須與隊員保持溝通，但亦不至干預他們的思維和創意。

還有，很多使用隊工的管理人員都忽略自己和隊員在這方面的訓練，採用隊工是不可隨意的。

管理人員必須學習如何有效地組織隊工和評估隊員的表現。而隊員亦要學習與不同人合作、欣賞別人的長處和如何有效地處理小組工作。

最後，筆者個人認為，隊工絕不是一個管理神話，而是一個有實效並需要專業訓練輔助的管理概念。

2.9

處理僱員的不滿

敖恒宇

沒有一家企業的僱員能永無不滿及冤
屈的;處理得宜,可以贏取僱員的
心。

僱員對公司政策或內部管理感到不滿時,他們可以
怎樣做呢?

他們大概有 3 個選擇:

(1) 將他們的不滿及冤屈,透過各種不同的途徑表達出
來,例如:向上司反映意見、投稿往公司內部刊
物,或向工會求助等。

(2) 他們可以考慮離職,抽身而退,一了百了。

(3) 他們可以保持緘默,抱着容忍的態度,繼續為公司
效命。

當然,僱員採取何種方式去面對,是經過理性思

考，主要取決於事情的輕重及對個人的影響、個人對公司的感情、個人在公司內的身分角色、及不同方式的代價及有效性等。

重視僱員的聲音

從來沒有一家企業，它的僱員永無不滿和冤屈，問題是應該如何處理這方面的 冤訴。處理得宜，可以贏取僱員的心。

因此，了解僱員在不滿的情況下所作出的反應，在人事管理上而言，是極為重要的。

首先，如果僱員選擇上述的第一種方式——即尋找認可的途徑宣達出來，對公司來說，未嘗不是一件好事。員工對公司政策或管理作風的意見，可以成為企業改進的源頭。此外，僱員的聲音，可以起着內部監察的作用，制衡一些不正之風，例如舞弊營私、欺壓下屬、貪污勾結、性騷擾等。

所以，企業是需要重視這些意見及聲音，並為此採取若干措施，例如廣開渠道，加強內部溝通；及讓獨立而公正的管理人員調查當中情況，了解事實真相，並作出建議。這樣，企業的開明形象，就可以建立起來。

壓制意見有害無益

反過來說，最差的做法，莫過於持着"家醜不出外傳"的想法，刻意去迴避問題，偏袒一方，甚至壓制不同的意見。

研究指出，在公司裏，較願意尋找途徑宣洩和表達不滿的，不少是忠心的僱員。當他們有冤無路訴，又或是他們的聲音受到抑制時，他們的士氣將會受到很大的打擊。

在這樣情況下，有關僱員可能會以辭職作為一種反對的手段，強烈地表示不滿。企業對這些僱員所進行的"離職調查"，變成很大的諷刺。

當然，僱員亦可能衡量得失後，採取置若罔聞、沉默不理的態度。

另一個情況是，有關的僱員可能藉一些機會，向外大爆公司內部醜聞，以製造輿論，衝擊公司的管理層，發洩他們心中累積的怨恨。

這類大爆醜聞（whistleblowing）行為，很多時令公司手足無措，管理層方寸大亂。當中可能還涉及道德操守和法律責任的爭議。

醜聞公開後，往往對公司和有關的僱員帶來負面的影響，雙方同時受損。

管理層宜坦誠開放

近年來，西方的管理學者對這個問題作過一些研究，指出問題是可以避免或有效地處理，這對公司的衝擊亦可以減至最少。例如企業可以設立一些程序，讓僱員可以將涉及道德和法律的內部問題，以合乎法理的方式表達，並保障投訴人的利益。

此外，企業亦可以制定政策，有系統地去處理有關的申訴，進行調查後盡早作出回應，刻意作出合理改善。

　　聆聽員工不滿的聲音，持開放及坦誠的態度，實事求是地處理內部人事問題，是一件十分重要但又容易被忽略的管理工作。

3

個人管理與自我發展

3.1

計劃你的前途！

劉忠明

> 轉換工作是有目標的，同時也只是追
> 求人生目標的一個手段。

"人望高處"是不爭的事實，每個人都希望自己可以
在事業上更上一層樓，勇闖高峰。

每逢臨近年終，勞動市場通常都會較為平靜；但農
曆新年過後，整個勞動市場便會變得活躍起來。很多有
"上進心"的朋友，在拿到年終獎金、花紅後，便紛紛急
忙尋找"更好"的職位。他們所為的是甚麼？轉工的目標
又是甚麼呢？

相信很多朋友都不會冷靜下來，檢討自己過去的事
業生涯，為將來作出計劃。

很多時候，"金錢"是轉工的一大誘因，但除此之
外，你希望自己的事業能為你帶來甚麼呢？很多學者及

事業顧問都會提出忠告：小心你的事業生命周期
（career life-cycle）！

事業生命周期

當個人的學業生涯告一段落後，每個人便在事業上
開始他的第一步。這段起步期往往是沒有固定方向的，
大家都在探索、尋找合適的工作對象。不單是個別的公
司，也可能是不同的行業。

第二個階段是穩定及成長期，雖然仍有轉換工作的
可能，但卻不會有巨大的轉變。當個人在工作上適應下
來，尋找到歸宿時，表現便會隨之而來，而且在事業上
會有一定的成就。

第三個階段往往在中年時出現，當個人對公司已有
相當貢獻，晉升也差不多到達頂點的時候，危機便會出
現。

耐力及潛質不夠的人，他們的表現會開始滑落，成
為公司的冗員。表現稍為好些的可能仍可維持一定的貢
獻，但卻不會奢望能更再上一層樓。

只有少數有魄力、優秀的員工才能衝破危機，在事
業上再闖高峰。

若然這個生命周期真能反映每個人的事業生涯，那
麼各位上班族便要小心計劃自己的前途，不要單為多
點報酬而轉換工作，也不能對長遠的事業發展計劃掉以
輕心！

了解自己

計劃自己的前途有很多方法，較為理性的步驟是先檢討過去的工作表現，理解個人的喜好及長處，再審視現存的機會及限制，然後作出策略性的部署。

首先，回顧過往的轉工紀錄，找出每次轉工(甚或轉職)的原因——動機是甚麼？為求很多金錢/報酬？較好的工作環境？自己的做事方式不適合當時的公司？抑或是人際關係？

跟着便可以理解自己的個人成功指標。你認為甚麼才是理想的職業？一份理想的工作應會帶給你哪方面的滿足？報酬、名譽、成功感，還是好的工作時間？哪個是最重要的指標？對各項因素都要小心排列。

理想不是事業計劃的全部，還要看個人的價值觀及特性。價值觀是指個人在生活上有甚麼追求——事業成功是其一，和諧的家庭生活又是另一樣；公平的社會是另一可能的選擇，個人內心的平靜也可以是一種追求。

總而言之，個人對生活的追求會影響他對事業及工作的態度，從而影響他的選擇。

另一個重要的因素是個人特性，例如你是一個怎樣的人：是務實型？進取型？企業家？抑或藝術家？這些特性都會決定你的選擇取向。

對自己過往及現在有深入的理解後，你便可以"發夢"，想一想你的理想事業。當然這個"理想"不是虛無縹緲的，而是建基在你的價值觀、人生追求、過往的工作經驗，以及你的個人特性之上。

成功經理啟示錄

這個理想便是你的事業目標，下一步便是制訂可行的策略。

制訂策略

策略是達致目標的方法。要將目標落實，你便要了解自己期望達到的地位和境界。

例如 5 年後，你在公司裏可以達到甚麼地位？10 年後又如何？在退休前，你應做甚麼事？這些都是長遠計劃的目標。

然後再看看目前的境況：現時的公司能否給你帶來滿足感？公司有沒有給你完成 3 年或 5 年目標的資源？公司對你有哪些限制？你自己又如何準備（例如進修或參加培訓）來達致目標呢？

所以，事業計劃是一連串的問題，這些問題的答案都是掌握在你的手中。

轉換工作是有目標的，而轉換工作也只是追求人生目標的一個手段。

3.2

候任經理，您好！

溫振昌

每位非經理級的人士，都可能成為明
日的經理。

"成為經理或行政管理人員"，相信不單只是筆者曾
經有的夢想，也會是很多人的夢想。

但要成為一個成功的經理真不容易。有位朋友曾經
概嘆當經理很不好受。他指出升職前與同事的關係很親
密，有講有笑，但升職後，關係就變得疏遠，令他很不
愉快。

最近，筆者與學員同看一個訓練的錄影帶，內容描
寫一位高層管理人員，如何從兩名下屬中挑選一人升任
部門經理。

這兩名候選人資歷相若。在工作崗位都有很出色的
表現，但兩人處理事務的方法有很大分別。

其中一位比較外向，說話較多，經常與同事就處理的事務討論，與同事關係非常良好。另一位則比較沉靜，屬實幹型，很少與同事聊天，大多數事務都是親力親為。每當同伴出錯，他便顯得緊張，盡可能自己親自處理，以至他與同事的關係有點緊張。

相信讀者們都可以猜想到錄影帶的結論：外向型那一位獲升任為經理。原因？一位經理必須懂得和同事溝通，協調同事有效地工作。

候任經理小心注意

看完錄影帶後的小組討論，差不多每位學員都同意以上的結論，但亦有一些尖銳的批評。

第一、這個選拔過程與現代管理觀念脫節，兩位候選人皆未曾接受任何管理訓練。

第一位勝出，可能因為他的性格是着重人際關係，於是乎他在處理人事上的問題便較好。

但若果第二位候選人在事前接受一些管理訓練，會否令他的工作方式有重大轉變，仍是未知之數。

因此，學員覺得這個選拔對第二位候選者不公平。

第二、同事或工作夥伴不同，同事間的關係亦會不同。同伴能力不足，怎能好好合作呢？

這使人懷疑第二位候選者處理事務每多親力親為，是因為他的同伴常常犯錯，因此他為求完成任務，故寧願通宵達旦，親力親為，也不願有太多事務分權，讓同伴獨立處理。若果他的同伴都勝任的話，可能他會比第一位更能協調同事的工作。

朋友的經驗和錄影帶的討論帶給筆者一些想法：究竟有哪些地方是一個經理應該小心注意的？

特別是對初踏上管理階層的，從被管理者變為管理者，工作性質會出現很大的改變。

一個普通員工的基本責任是要將份內工作做好。他做得出色便可能獲得提升。可是，一個管理者不單只要將事務處理妥當，更要聯絡上司、下屬、其他部門，甚至其他機構。

很多人的觀念是"船到橋頭自然直"，升職後便自然勝任愉快。但事實未必盡如人意，船可能將橋頭撞歪，升職後可能既不勝任而又痛苦。

成功經理必備條件

作為一位現代經理，不單只要具備技術上和人際關係方面的知識，更必須掌握管理理念，例如工作的指標和獎賞、選擇和培訓下屬、財政預算和長期／策略性的計劃。一位成功的經理必須對這 3 方面有充分的認識。

筆者的朋友無疑具備足夠工作技能，而且有傑出表現，才受到上司的器重而升任為管理人員。在技術知識上他絕無問題，為何他以前與同事們的人際關係本來非常融洽，但一轉換身分後便有重大改變呢？

原因可能是：升職後，他變得驕傲而不自知、他的同事嫉妒他的升職，或者他的同事因他升職而變得自卑。上述原因都是和當事人心理有關，適當的糾正和時間都可去沖淡這些酸溜溜的感覺。

初任經理小心 3 項疏忽

但有一些非關心理，而是工作上的疏忽，更值得我們注意：

（1）剛升任的經理，會急於追求突出的表現而不惜加重下屬的工作，因此造成不滿。急於立功而罔顧下屬感受的經理，應該小心，這樣可能替自己製造麻煩。

（2）剛升任的經理，往往修改部門過去有問題的運作，但修改過程太急促的話，可能令工作混亂。所以除非生死存亡攸關之外，任何改變都不宜草率推行，必須充分諮詢。

（3）剛升任的經理，往往未能與下屬有足夠溝通，特別是有關部門或整個機構的長線發展計劃，以致下屬缺乏資訊，容易製造猜疑，產生誤會，令工作關係惡化。更甚的是，管理者常以為操縱資訊，便可以增加自己的權力。但試想想：資訊不足會令員工感到不安而影響工作，可能會危害部門的表現。

在資深的高層經理監察下，第一、二項的疏忽比較少出現。

筆者朋友正是犯了第三項疏忽。幸而他不是喜歡玩弄權力的人，只是大意而已。當他願意多用一點時間和員工溝通，增加他們對部門和機構發展的認識，不愉快的關係便得以紓緩。

　　每位非經理級的人士，都可能成為明日的經理。作為一位候任經理，你是否已作好上任的準確？你是否已經在工作技術、人際關係和管理理念都有充足裝備？本文旨在給各位候任經理一些提示。

　　祝大家都能夠成為一位成功的經理。

成功經理啟示錄

另類經理

劉忠明

"失敗"是判別經理能力是否優秀的好
方法。

　　許多上班族的目標通常是要出人頭地,希望自己在
公司中的地位能不斷提升。又或者是有朝一日,能夠身
居高位、指揮眾人,在商場上打響名堂……。

　　但是,各位上班族有否想過自己是個怎樣的領導
人?

　　制訂如何建立自己的事業計劃前,各位應小心檢討
本身的領導能力,看看自己有沒有大將之風。

眼光遠大

　　成功的經理(這裏是指所有管理人及領導人,不論

他們是否有"經理"這個銜頭），都是擁有一些特點。例如良好的人際關係、能激勵下屬勤奮工作、與同事融洽相處、在工作上有專業知識，更重要的是有遠大的眼光，能夠洞悉公司的未來前景，為公司勾畫出一幅美好的圖畫。

有遠大眼光的經理，在今天競爭激烈的環境中，是令公司取勝的重要資產。所以，不少培訓資源都是放在培育有遠大眼光的經理身上。

那麼我們又應該如何培養卓越的領導技術？遠大的眼光不一定是才智之士的專利品，關鍵在乎人們有否刻意去發展這種能力。

首先，遠大眼光是個人對前景的一些期望，亦即個人認為公司在若干時日後，可以達到哪個境地。而那個將來的狀況，就是出色領導人要在現今訂下的追求目標。

對個別經理來說，那些目標是需要經過有系統的分析才能訂立下來。

例如要對公司現在的境況作出詳細審視，找出公司的優點及可能面對的困難，然後想象在未來環境中可能遇到的變化，利用公司／經理本身的優勢去爭取機會。而這過程亦是策略管理中，一個重要環節。

但成功的經理不單要有這種系統化規劃的心態（systematic planning mindset），更重要的是有決心與勇氣。

策略性的規劃大都是理性的決策，對未來環境作出適當的假設後，便可得出有用的結論。

雖然有些時候，經理需要在決策過程中加入一點新意念，但他始終是可以憑經驗和嘗試來達成規劃。

勇於反省

　　假若經理在執行策略時出了亂子，他應該怎辦呢？很多經理都會在那時感到失敗和氣餒，但是一位優秀的經理是具有無比的決心與勇氣，對自己的遠見有信心，不會因挫折而退縮。所以，"失敗"是判別經理能力是否優秀的好方法。

　　成功的領導還需要不斷的學習和磨練。毅力固然重要，但如果領導人過分執着，不對失敗作出批判性的檢討，那麼便會陷於永久的失敗。

　　眼光遠大的經理人，先要反省自己的行為和決定是否有不足的地方。

　　此外，更要反省別人的情況，觀察旁人和其他公司成功／失敗的經驗，反問自己曾否犯上同樣的錯誤。

　　反省不單是主觀地檢討，更要客觀地吸收知識。而新知識的來源通常是書本和雜誌，因此養成廣泛的閱讀習慣可以對經理產生莫大裨益。

既是專才亦是通才

　　在香港，很多經理都是急功近利的。他們只顧目前，輕看將來，只願花精神在有快速回報的事情上，而不願意花時間在沒有即時回報的工作裏。其實這是個徹底錯誤的觀念！

在今天，公司不單需要專才。在市場營銷、財務管理、會計審核或電腦資訊等專業範疇上，有獨到見識的人才固然是不可多得的。

但從公司整體的策略發展來看，一位有遠大眼光、能替公司的將來理出一些頭緒、替公司訂立長遠大計的通才，亦是公司不可或缺的重要資產。

要成為出色的經理人才不是一蹴即至的，那是需要時間、決心、毅力和認真的反省。

此外，公司有否給予機會也是重要的關鍵。

但無論如何，最重要的是你有否為未來作好準備，是否願意邁出第一步，向着"另類經理"這個目標進發。

3.4

優質領導的藝術

劉忠明

領導是要靠魅力的，"道德勇氣"可以
增加優質領導的魅力。

在這個講求優質的年代裏，你有沒有想過自己的上
司是一位優質的領導者？你自己又如何？是一位被下屬
讚許的優質領導人才嗎？

優質領導的素質

有人說，領導工作是艱巨的，不單要辦好被委派的
工作，更需懂得委派工作給別人，同時要激勵下屬，使
他們盡心盡力地完成被指派的工作。所以，學者們指出
優秀的領導人要有下列的素質：

（1）有遠大的眼光，看清周圍環境，懂得訂立優先次

序，有長遠的業務策略。

（2）有自知之明，適當運用自己的長處，來達成公司的目標；同時又懂得藏拙，不會做自己不能做的事情，能分輕重。

（3）有良好的溝通技巧，以致下屬明白他／她的想法，接收到他／她發出的信息。

（4）有扶掖後進之心，能放下權責，培養接班人，有容人之心，不會夜郎自大，更不會妄自菲薄，以發展別人為依歸。

以上所說的，除了溝通技巧是一種"技術"之外，自知之明與扶掖後進之心都是做人態度，而遠大眼光則是個人操練的成果，與個人的性格、認知方法及思想方法有關。

很多人覺得，有豐富的工作技術便可以成為上司，特別在技術性行業（如電腦、工程、設計等）。但往往事與願違，有技術的人不一定能管理及領導下屬。

所以，有人覺得要唸管理學，認為通曉計劃、組織、控制、決策等事便可擔任領導工作。不錯，管理學是一套很好的知識，若能活用，可使單有技術的人懂得如何管理，如何做對應做的事。但管理不完全等同領導下屬，而領導卻又是另一回事！

領導，是利用自己的能力來影響別人以達成某些目標，是懂得分辨哪件是應做的事，不只是做對應做的事。

因此，領導是要靠魅力的，是擁有一種能吸引別人的氣質，是叫人認同領導者的方向、願意投入工作的一

種力量。故此，遠大眼光是一幅叫人嚮往的圖畫，溝通
方法能令別人了解你的意願，也能説服別人跟從，以達
到圖畫所展示的境象。

自知之明是盡量發揮你的長處，同時知道不應做自
己不能勝任的事情，關懷體恤下屬是令人心服口服的一
個先決條件。所以優質領導，必須有以上的特定素質。

"道德勇氣"可增加領導魅力

除了這些素質之外，優質領導仍需要精神力量來支
持，才能增加個人的魅力，這種力量可籠統地稱為"道
德勇氣"。

道德勇氣是敢於承擔，不會推搪責任，辦事有原
則，能分對錯，不會畏首畏尾，能堅持自己的價值觀。

道德勇氣是敢於面對羣眾，對下屬有足夠透明度，
不單求自己的益處，且照顧全體的益處；不以權謀私，
更不會偏私，在下屬心中有公平公正的形象。

道德勇氣是言行一致，不做"精神分裂者"：説一
套，做一套，令別人失去信心。

道德勇氣更是對公司忠誠，不會輕易跳槽，同時不
會密謀反叛，或做出對公司不利的事情，這種誠實的人
格必會令下屬讚賞。

驟眼看來，有道德勇氣的領導者可能不適合在爾虞
我詐的商業社會中生存，只可在宗教組織或社工、政府
等機構中出現。但各位不要忘記，有道德勇氣的人不是
自命清高，與俗世格格不入的聖人，而是有做人原則，

能以德服眾，願意追求真善美的普通人，這是你和我都可以達到的境界，而重要的是勇氣。

在追求優質產品、優質服務的同時，我們或應考慮追求更優質的領導。不如就來個"優質上司"的選舉吧！

3.5

學習領導能力

溫振昌

> 管理人的技術水平固然重要，但更重
> 要的是他能否帶動其他人去工作。

　　現代的管理人員不單需要擁有和工作有關的技術，
更必須擁有一定程度的領導能力。

　　舉例說，一名技術水平高的工程師可以將他負責的
工作處理得妥當，但當他升任管理階層時，便發現技術
水平只是他應付新工作的基本條件，並不足以幫助他取
得成功。他必須擁有領導能力，才可以完成管理的工作。

　　管理人員的技術水平固然重要，但更重要的是他能
否帶動其他人去工作。

　　一個有領導能力的管理人員，不單可以成功完成任
務和提升自己的工作滿足感，更可以激發下屬的工作潛
能，增加組織的效能。

自修領導能力

領導能力是否很抽象和很難學習呢？相信不是。下列 9 項領導的基本要素，都是可以透過自我檢討而學習的。

（1）主動

必須對工作熱誠和投入，處事主動，視難題為挑戰，引領下屬理智地去評估和樂觀地工作。

你可以查看自己以往處事的經驗，特別是處事的心態。

（2）溝通

你和對方都應該清楚知道彼此要傳達的信息。方式可以視需要而定，但對下屬的要求，必須清楚交待。

不妨將不同人的表達方式和自己的方式作比較，好的方式應學習，不好的便應改變。

（3）認識下屬

對下屬的工作經驗、態度和理想必須有一定的掌握，才可運用不同的激勵方法，增加工作效益。

切不可將自己的價值觀和處事態度，轉化成一個絕對的標準去評估同事或下屬。必須明白人各有異，要學習彼此尊重，才可以合作愉快。

（4）認識上司

上司的取向對你的工作有很大的影響，因此必須對上司有一定的認識。認識上司並不代表學習奉承，而是減少衝突，增進溝通，從而提高工作效能。

　　　　應客觀地思想以往和上司的關係，特別是發生
衝突的情景，檢討自己當時的態度。婉轉的表達方
式常常比硬朗的方式更有效。當然是要切記：方式
是因人而異的。

（5）建立信任

　　　　工作上的信任是非常重要，適當的授權輔以充
足的溝通不單可以提高工作效益，更可以培養下屬
的工作能力，替組織造就人才。

　　　　要注意自己對別人的工作能力是否顧慮太多，
假如未能充分授權，工作便不能順利展開。

　　　　很多時候，過分採權而又欠缺溝通會弄巧反
拙。這樣不單會破壞組織效益，更可能傷害下屬的
自信心。

（6）工作技術

　　　　科技發展一日千里，領導人不可與其工作有關
的技術脫節。適當的認識和鼓勵下屬接受先進技術
訓練是必須的。

　　　　領導人必須保持學習的心態。若果對新技術產
生抗拒，這便是一個老化的警號：提醒你應該加倍
努力去保持學習情緒，才不會落後於人。

（7）以身作則

　　　　領導人往往是下屬的榜樣。一個尊重組織決策
的領導人通常可以感染其下屬尊重組織的決策。

　　　　要留意自己會否因私人利益而輕視組織的決
定。如是的話，那又如何要求下屬執行組織的決定
呢？

（8） 適當的紀律

獎賞可以鼓勵士氣，但懲罰錯誤的行為也是必須的。不過獎賞和懲罰必須適當和公正。不公正的領導絕不會受下屬的尊重。

嘗試列出一些同事的行為，假設獎罰，反覆比較。這樣可增強執行紀律的能力。

（9） 思想發展方向

領導人必須為將來的發展訂立方向，這樣，才可以計劃長期和短期的策略，為組織創造有利的競爭條件。

應該多閱讀和溝通，才可以清楚認識組織內外的環境。閱讀更可以吸收其他組織的經驗，增長自己思考的範圍，替組織尋找其他發展機會。

結語

上述 9 項領導基本要素，都是可以透過自我檢討而學習的。但在自我檢討的過程中，必須持開放和坦誠的態度，還有，需要有改過的勇氣。

如果你主動投入工作，與同事有良好的溝通，充分認識上司和下屬，能夠與同事在工作上建立信任，保持最新的工作技術，在日常工作習慣上以身作則，適當地執行紀律和掌握發展方向，你將會是一位有領導能力的管理人員。

3.6

卓越能力
溫振昌

企業需要卓越能力去爭取勝利，個人
更需要卓越能力去建立成功的事業。

畢業生在尋找工作的時候，很多時都會找相熟的老
師擔任推薦人。

筆者對這方面絕不陌生，但卻發現很多同學的履歷
表都出現同一毛病，就是盡量把所有資料堆放在一頁紙
張上。

早前，筆者遇見一位同學，他拿着自己的履歷表，
那一頁紙的空間已包括個人資料、學歷和工作經驗。

筆者問他有沒有參加過課外活動或曾否出任某些學
會或組織的幹事，他回答說有。筆者追問他為何不列出
來，他說因為只有一頁紙的篇幅而不能全部列寫下來。

筆者在錯愕之餘，還提醒他履歷表的主要目的，是

讓審閱者認識它的主人。

履歷表過於冗長固然不妥，但簡單而資料不全的履歷表更為不妥。一份妥善的履歷表，是可以顯示出個人的卓越能力（distinctive competence）。

卓越能力是指個人傑出的地方，例如優異成績和特殊技能。課外活動和組織的參與，可以顯示個人的活躍程度和他在羣體中的領導能力。

上述的同學是個很典型的例子，處事時只跟隨大夥兒的習慣，沒有好好了解和運用自己的卓越能力／條件去營造更好的機會，這是非常可惜的。

卓越能力是競爭條件

在商業策略的範疇內，"卓越能力"是個非常重要的課題。

卓越能力是指企業在運作上有甚麼較對手優勝的地方。例如更佳的產品設計、更有效率的生產設施和更成功的宣傳等。

任何方面的卓越能力都可以為企業帶來競爭優勢。擁有高效率生產設施的企業，可以生產一些價格比對手廉宜的貨品。

如果企業沒有任何卓越能力的話，也許它可以僥倖地生存一會，但它最終會在競爭中消失。

卓越能力不單是一個商業策略的概念，更可以應用在個人方面。

企業需要擁有（或創造）卓越能力去爭取勝利，個人也需要卓越能力去建立成功的事業。

　　管理人員更要注意自己的卓越能力，亦需要培養下屬的卓越能力，以增強企業整體的競爭力。

4 項卓越能力

　　個人的卓越能力大致可以由 4 個不同方面去探索。

　　第一是眼光（vision）。一個有遠見的人，在商業社會上常常是無往而不利的。

　　可能有人會認為，眼光是天賦的條件，但一個懂得反省和檢討的人，可以由自己和別人的經驗去培養獨到的眼光。

　　第二是背景（inherence）。這包括家庭財富、社會關係和個人資質。

　　得天獨厚的人，他的成功會與他的背景有很大關係。

　　第三是工作技能（technical ability）。學歷和專業資格當然是工作技能的一部分，但是工作經驗、學習能力和人際關係技巧都是不可忽略的環節。

　　一般職業都是建基於工作技能上，例如考取到會計專業資格的人大都會當上會計師。

　　但是，成功的工業家不一定是個工程或商管畢業生。他可以沒有任何學術文憑，而只是憑工作經驗和個人學習能力去取得需要的技能。

　　第四是領導才能（leadership）。一個有領導才能的人，可以運用適當的指揮能力去推動別人工作。羣策羣力，當然比自己獨個兒親力親為更好。這正好發揮槓桿原理，利用一人之力去發動羣眾，藉以產生更大的效益。

有些人天生便擁有影響別人的魅力。但是從訓練的角度來看，領導才能是可以從學習得來的。

學習建立卓越能力

將這 4 項能力的第一個英文字母合起來便正是 "VITAL"，剛好代表它們對個人能力的重要性。只要你具備其中一項，便可以算是卓越之士。

投資者憑着獨到的眼光致富、富豪的後代藉父蔭創業、電腦專業人員以專業知識去建立龐大的企業、前政府高官（相信沒有駕駛巴士執照的）可以出任公共交通機構的領導人。

這些例子只是刻意地突出當事人某些卓越的地方，當然，他們擁有的卓越能力可能不單只局限在某方面。卓越能力是越多越好的。除了背景外，其餘三項都是可以透過學習去建立的。

筆者希望各位能夠加深對卓越能力的認識，進而擴闊自我檢視的範疇，發掘和建立自己的卓越能力，踏上成功之路。

3.7

善用你的權力

何順文

成功的管理領導，就是適當地運用權
力，以達到單位目標。

我們經常發現有些主管不敢用權，有些則過度濫用
權力。要明白為何如此，就必須先要了解一下權力的來
源。

權力之基本種類可分為：

（1）職位權力

（2）性格權力

（3）知識權力

公司內任何人，或多或少都擁有這 3 類權力，只
是程度和比重不同罷了。

擔任管理職務，這 3 種權力都有其重要性，不可
只依賴其中一類。為了要爭取下屬信任遵從，有時需要

嘗試減少運用某種權力，而加強另一種權力。

由於行業和職位不同，各類權力的相對重要性也有分別。

例如一個警察督察可從其職位得到約 80% 權力，而個人性格作風、守業知識經驗，約分別提供 10% 權力。相反，一個工會領袖的實際權力，可能 50% 來自其性格，30% 來自其專業知識，而其餘 20%，才是他職位本身所賦與。

我們可將這 3 類權力再作比較。

職位權力

一般人都會尊重和接受職位權力，知道必須跟從主管（或領袖）指示辦事。但當主管過分依賴（或濫用）職位權力時，便遲早會失去下屬的尊敬和信服。

一般來說，運用職位權力之道，就是盡量小心運用權力和保持低調。一個成功之領袖，會盡量少運用職位權力來辦事，情況許可時便嘗試運用其他權力（如性格權力或知識權力）來影響下屬。

身為上司，其實應尊重下屬個人及其權利，並盡量給予下屬工作自由空間和所需的鼓勵支持。

但下屬的行為不可超越合理範圍，否則主管必須干涉，以維護機構紀律和機構本身的利益。

有需要時，職位權力必須清楚直接表達出來。例如某員工經常遲到早退，視上司如無物，也可視之為挑戰主管領導力。這時候，主管必須直接介入處理或採取行動，令遲到早退者和其他員工，知道你是有一套辦事標準和原則的。

性格權力

每個人不論是否主管或擔當領導角色，都能憑個人性格特徵取得部分權力影響他人、爭取下屬或同僚之喜愛和信任。有正面態度、決斷力、明確價值觀，或個人氣質魅力、聲線悅耳的人通常都會有較大影響力。

當職位權力薄弱時，性格權力就變得更重要。

一家公司的培訓主任本身並沒有多大職位權力，因此他會較倚重個人性格來激勵受訓的員工（義工領袖、教會牧師及社團首長大概也如是）。這些人從個人性格行為獲得的影響力，往往比其職位可獲取的更多。一個成功的主管或領袖，通常會嘗試多用性格權力來激勵及說服下屬。

知識權力

另一種權力來源，就是憑個人的專業知識、經驗和技能取得權力。例如一家工程公司總經理，如有工程專業學識，就較易得到員工信任和尊重。在某些行業和專業工作，如飛機師、醫生或工程師，權力也主要來自專業知識。

當然，一個出色的主管或領袖，最好同時具備所需的領導才能與技術知識。但具有專家知識的主管，最易犯的毛病，就是太依賴知識權力而缺乏性格魅力，也由於不願意聽取他人意見，很容易很快就失去下屬和同僚的支持。

也有一些技術專家，獲公司提升至領導地位時，反而會要求調回原來技術性崗位，因為他們缺乏對其他權力的了解，更不曾發展其他權力。

有效的權力組合

一般來說，大多主管的權力組合，都是以職位權力為重心（甚至是唯一的權力），其次為知識權力，而較少有建立和運用性格權力。

成功領袖和普通主管的分別，主要是成功領袖較着重性格權力，而普通主管較依賴職位權力。身為主管者，應經常檢討自己的權力組合，力求平衡有效。

我們該怎樣看待不同的權力？

職位權力是隨着職位而來的，可正面和自信地接受。

至於增加性格權力，則比較個人化，個人可以憑自己之性格、長處或特徵來加強性格權力，也可憑積極進修學習來改善（例如修讀一些有關自我分析、溝通技巧，甚至儀容打扮等課程）。

至於知識權力，當然也可以憑不斷進修學習來提升自己。

請你記着：很多下屬對領袖如何運用權力十分敏感，也會仿效上司運用權力的方法。因此，成功的主管，必須把握有效運用權力之道。

3.8

權威權威

謝清標

盲目服從權威，似乎是人類與生俱來
的本性……

在日常生活中，我們不難發覺很多人盲目服從權
威。權威主要可分兩種。第一種是"專家意見"，第二種
是公司或組織的"既定政策"和"習慣做法"。社會上很多
人喜歡利用人服從權威的心理，以提高己方的影響力。

概括化現象

知識就是力量。在人們的心目中，專家就是知識的
代表，為此，"專家意見"在大部分談判和銷售場合，就
等同法庭陪審團的裁決。因為人們慣性地會順從醫生、
律師、會計師等專業人士的意見，即使一個醫生發表與

他專業無關的言論，亦很多人會懷疑其論點是否正確。

例如一個知名度高的醫生公開讚美一幅油畫，雖然這個醫生本身對藝術可能一竅不通，但由於他專業地位形象的影響，別人也會對這幅油畫另眼相看。

這個現象我們稱為"概括化現象"（generalisation）。

有鑑於此，在談判或推銷產品的時候，不少人總喜歡"製造"專家形象。以提高自己的優勢。

常見的方法，莫過於在言語間加入適當的專有名詞，令對方不自覺地提高對己方的信任。引用專家學者的言論或者發表的研究報告結果，以支持自己論點，亦是一個有效的方法。

例如，當我們和別人爭論食素抑或食肉對健康有利等難下定論的話題時，我們可以利用最近《英國醫學學報》（*British Journal of Medicine*）一篇研究報告，指出食素者壽命較長，患癌症的機會亦較低等。

由於對方多未曾閱讀有關資料，更不可能以一己之見，去駁斥公認的權威學術論文，很多時聽到這些論據後大都只有默然屈服。絕少人會懷疑這些專家、權威所採用的研究方法是否真的完美無瑕、因果關係是否真的可以成立。

另類權威

另外一種權威來自機構的"既定政策"或"習慣做法"。

例如，如果銀行客戶詢問櫃員大額現金存款收手續費原因，櫃員只要回答這是公司的"政策"和公司"一向的做法"，那大部分人不論願意與否，都會按要求付手續費，很少會質疑這個政策是否合理。

除了上述兩種權威外，日常生活中我們也可以看到不同類型的權威，包括長輩對後輩、父母對子女等等不同形式的權威。

不論哪一類的權威，盲目服從權威似乎是人類與生俱來的本性。看《辛德勒的名單》，數以百萬計猶太人，被盲目服從上級命令的德國士兵推進毒氣室裏，人類的良知、道德、同情心完全受制於權威的魔掌上，不能發揮半點作用。

請勿迷信權威

人類盲從權威問題的研究，首推米關（Milgram）在耶魯大學的實驗。參與實驗的人被安排扮演教師，他們座位前有一排按鈕電掣。每個按鈕都有標記。代表不同程度的電壓。按鈕的標記，由低至高分別為"輕度電壓"、"中度電壓"、"高度電壓"、"極強電壓"、"危險：劇烈電壓"及"……×××"。

桌子對面是一個外表友善，約 47 歲的演員扮演學生。他坐在一張特製的椅子上，椅子內藏電線，直接接駁扮演教師者桌前的電掣按鈕。

研究人員身穿實驗白袍，站在扮演教師者身旁，解釋整個實驗目的和進行方法。

　　研究人員向扮演教師者解釋研究的目的，是想了解懲罰是否可以增強學習能力。方法是向該"學生"發問一系列問題，假若他答錯的話。身為"教師"者必須懲罰對方。懲罰的方式是逐步加強電壓電擊對方。扮教師的參加者來自社會不同階層。包括家庭主婦、工人、經理與專業人士等等。

　　實驗進行前，研究人員其實事先與扮演學生的合謀，扮演學生的演員假裝答錯問題，在受到電擊時大呼救命（其實他坐的椅子並未接上電源），而站在教師旁的研究人員則不斷催促，逼使教師按更高的電壓。

　　實驗的結果顯示，雖然扮演教師的人在實驗過程中感到不安，他們亦曾多次向站在身旁的耶魯大學研究人員抗議，但大部分"教師"都會依循象徵權威的研究人員指示按動電掣，直至電壓到達極度危險的程度。不論扮演學生的演員如何哀求，面部表情如何痛苦，扮演教師者竟有若受控制的機械人一樣，對研究員的吩咐唯命是從。

　　實驗的結果，確實令人沮喪。彷彿在權威假象面前，人類的判斷力、勇氣以至良知均蕩然無存。

　　奉勸讀者，必須認清權威的重要性，但為了社會的未來，請勿迷信權威。

3.9

開會成功的要訣

何順文

如能把握開會技巧，開會不一定沉悶
和浪費時間。

會議，基本上是一種小組面對面，即時雙向的管理
溝通工具。

會議可分為：正式（應用會議常規）或非正式的；定
期或臨時的；以分享討論為主或以決策為主的。

開會若不能有效準備和進行，便會浪費時間、人力
和金錢，甚至令參加會議者士氣低落。會議經常缺乏效
率，繁忙的管理人員就開始會借故避席，但這些人的參
與，往往可能是最重要的。

會議不能達至目標，最主要原因，就是事先缺乏計
劃和準備。雖然管理人員花費不少時間在會議上，但研
究顯示：近 80% 的主管人員，從未受過計劃和進行會

議的訓練。

有效的會議，能把有關人等集中，一起分享資訊知識和意見，發揮羣體合作精神，提高士氣，以達到集思廣益的效果。

下面介紹是 8 項能改善成效的要點：

1. 需要

除了定期會議外，只應有明確需要和目的，才召開會議。

若人數少過 5 人，討論的事項比較簡單，或目的主要是提供信息時，負責人可考慮個別商討，或利用其他方法（如書信、電話或視象會議等）溝通，可能更有效率。

2. 開會的人選

除非有規定的成員，否則只應邀請與會議項目有關，或對達成會議目標會有貢獻的人參加。

人越多，意見越紛紜，爭端越多，也會拉長開會時間。一般來說，如果會議目的是為了決策，人數最好不超過 10 人，以 5 至 7 人最為理想。

3. 議程

會議都應有書面議程，特別是會議超過一個項目。

如有可能，議程及附帶數據、資料等，應於開會前分派給參加者，以方便他們準備討論。

會議項目最好不超過 6 個，否則可考慮分為兩個較短的會議。議程的每個項目，應清楚列明其目的(作資料參考、作諮詢討論，或作決策)。

主席或秘書事先可邀請參加者提議議程項目，以鼓勵他們參予及避免臨場突然提出的討論項目。

4. 開會時間

開會時間，以早上 10 時至中午為最理想，因為參加者可以有足夠時間作最後整理準備，而且這段時間大家的精神狀態較佳。

假期下午、假期後上午，和下午 4 時後都不宜安排會議。

為了尊重參加者的寶貴時間，會議應準時開始準時結束。

會議最理想是不超過 90 分鐘，否則令人感到沉悶，逐漸降低效率。冗長會議期間，可設"咖啡小休"，確保成員有精力完成整個會議。

5. 項目編排和跟從

項目編排的原則，可考慮將最重要的、要求創意的，或最簡單的放在前面，而容易引起爭論的，則放在最後面。

一旦決定了，主席就不應隨便更改議程的項目次序。

新提案和脫軌的項目應予備案，留待其他事項或下次會議才討論。這樣就不會令會議失去方向和效率。

6. 鼓勵參予

會議結果，是由與會人士共同製訂的。如成員不願發表意見，過分依賴主席或其中一兩個成員，將來出現問題時，往往會互相推卸責任。

因此主席應營造輕鬆的、分享的氣氛，鼓勵各人發表意見。成員亦應抱積極態度，協助會議有效完成。

7. 平衡和受控制

不讓任何人壟斷會議發言，強行推銷他自己的意見，令其他參加者無法表達自己。

主席必須控制討論或發言時間，發言要精簡和不離題。主席作為會議協調員，應鼓勵成員表達意見而非爭論，堅持一切討論只對事不對人。

8. 結果的準確性

主席應總結所通過之決定詳情和跟進計劃行動，確保每位成員對決策有同一理解。

會議秘書應盡快於會後兩天內完成會議記錄，分派給各與會人士詳讀及核實無誤。很多會議秘書都有拖延編製會議記錄的壞習慣，但人類的短期記憶能力十分有限，越遲開始編寫會議記錄，準確性就越低，也容易引起日後的爭論。

　　如要確保會議能有效運作，公司可擬定內部會議守則或指引，要求員工遵從。

3.10

資訊焦慮的煩惱

何順文

在這個"資訊泛濫"的環境下，很多人
都掉進資訊迷陣裏。

這是個"資訊爆炸"的年代。由於商業環境越趨複雜
和競爭越來越激烈，管理人也需要更多資訊來作決策。
加上資訊科技發達，大量數據、資訊和知識湧現（它們
的數量約在 5 年間以雙倍遞增）。

現時一份早報刊載的資料數量，可能是 30 年前，
一個普通人一生接觸到的總和。

現今管理人不但要花更多時間，去處理大量資料和
追求更多新知識，更須在處理資訊上，超越同儕。

但是在這個"資訊泛濫"的環境下，很多人都掉進資
訊迷陣裏。

當追求或獲提供的資訊不斷增加，甚至超越個人有

限的吸收和處理資訊的能力時(尤指人類短期記憶),就
會出現"資訊超載"(information overload)。結果會令
個人反應能力和表現下降,同時也會導致"資訊焦慮"
(information anxiety)的病症出現。

資訊焦慮的情況

未來學家托夫拿(A. Toffler)認為,現時人們過濾
和選擇資訊的天賦能力已過勞,需要不斷在"危機狀態"
下運作,導致高度精神緊張。

資訊焦慮是人們日常要應付大量資訊,而導致的慢
性抑鬱或恐懼。現今差不多每個人或多或少都有資訊焦
慮。

假如你的"有待處理"文件架上,經常堆起一大疊文
件,又或你經常閱讀而不吸收、看到而不理解、聽到而
不入耳,那麼你便有可能患上資訊焦慮症。

假如你仍未能肯定,資訊管理學家 R. S. Wurman
指出,下列一些行為就是資訊焦慮的病徵:

* 經常向人提及你很繁忙,未能知道周遭發生的事
  情。
* 對越疊越高,有待閱讀的期刊感到內疚。
* 有人向你提及一本書籍或一個名人的名字時,你會
  點頭扮作聽過或認識。
* 發覺自己不能解釋一些自以為明白的事物或名詞。
* 感到要明白／接受的"資訊"太多。
* 因為不知道某些資訊是否存在(或在何處尋找)而感

到侷促不安。

* 怪責自己花了幾個鐘頭仍不能依從《用戶説明書》，
  操作一部新買回來的錄影機。
* 自己連書評也看不懂，反而對一本從未看過的書籍
  提出意見。
* 以為別人會明白一切你不了解的東西。
* 不願意説句"我不明白"或稱任何自己不明白的東西
  為"資訊"。

焦慮的因由

　　根據 Wurman 的分析，資訊焦慮的產生主要是由
於：

（1）人們理解／知道的，與他們認為自己應當理解／知
　　　道的有一個越來越大的裂縫，而擁有資訊也並不等
　　　於掌握知識。

（2）我們得到資訊的途徑、數量、內容及形式經常被人
　　　控制（例如新聞），出現歪曲／偏差和噪音。

（3）我們因受其他人（包括上司、同僚及親友）對自己應
　　　知的期望而產生焦慮。

　　但事實上，我們對一些資訊的不了解，可能是資訊
或提供者本身的問題，而不是在於自己。

　　現今文明的一個最大危機，將是如何將滿溢的數據
和資訊，轉換為有系統的知識。一些專家正研究利用不
同方法，去協助人類學習接受自己"能知"的極限，及如
何判斷那些東西應要了解及甚麼不要或不能明白。

積極減壓

為了減除資訊焦慮，我們亦需要學習懂得如何：

(1) 將資訊的性質及重要性分類，並在眾多資訊中作出過濾及選擇；

(2) 將零碎的數據轉換為有意義的資訊，並能吸收資訊內的完全意義；

(3) 改善閱讀、溝通與聆聽技巧；

(4) 提高理解資訊的能力，例如學習一些簡單有效的資料組織方法。

作為資訊編製或提供者，亦要設法確保資訊的量和質皆合符使用者的需求，協助他們有效掌握及明白內容而不致"超載"，也要減少使用者不必要的焦慮和恐懼。

發問的藝術

何順文

> 成功的主管，必須有良好的口語溝通
> 能力，懂得發問是重要一環。

口語溝通是重要的管理工具之一，要成為一位出色
及成功的領袖或主管，我們就必須擁有良好的口語溝通
能力。

很多人以為自己講話很多，就是一個具備口才或
優良的談話者。但這是錯誤的觀念，因為溝通是雙向的
過程，涉及傳送及接收訊息。只有當接收者確實收到所
需的訊息，溝通過程才算完成。

簡單來說，口語溝通的藝術，就是懂得在適當的時
間，說適當的話。有效的口語溝通涉及說話、發問、聆
聽和回饋等技巧。

筆者將會集中討論較被忽視的發問技巧，協助管理

人了解如何利用問題去改善溝通效果，達到既定的目的。

談話的核心

事實上，"問題"是談話的核心。

問題可以建立和諧互信的關係，亦可造成懷疑及猜忌；問題可以用來打開話匣子或令談話突然終結；問題可以引導對方提供自己所需的資料，亦可以令談話離題，浪費雙方時間。

從正面來看，發問不單是要知道多些，還可以令發問者達到其他目的：

(1) 取得所需的數據／資料：

(2) 誘發交談

(3) 了解對方的想法、意見或感受

(4) 證實自己了解對方的意思

(5) 建立雙方的關係和信任

(6) 引導對方支持自己的意見

因此，如何發問往往與發問者的目的有密切關係。

基本上，問題可以分為兩大類：封密式和開放式。

封密式問題一般只需要很簡單、直接和明確的回應，並能較易達到上述(1)、(4)和(5)項目的。例如：

(1) 你是否已完成了那份計劃書？

(2) 你喜歡甚麼型號的產品？

(3) 你的意思是支持這個計劃？

(4) 這是一份很好的計劃書，對不對？

相反地，開放式問題一般較具誘發性及需要較詳細或深入的回答——根據一個較廣泛的題目，回應者可給予不同的回應（包括資料、意見、想法和感受）。這在滿足(2)、(3)及(4)項目標時，特別有效。

典型的開放式問題不可以只用"是"或"否"來回答，一般會以"如何"、"你認為"、"為甚麼"或"怎樣"等字眼作開始，而且問題沒有引導性。

例如："你認為這個新計劃如何？"、"如何能改善我們的銷售額？"、"為甚麼不採用這個方法來進行？"

總而言之，我們要視乎自己的目的，來選擇適當的發問方式和字眼。

發問技巧

發問的一個基本策略，就是首先用一些範圍較廣和開放式問題作開始，以表示發問者對他人情況關心和興趣，同時亦可建立雙方繼續談話的關係和氣氛。

掌握多點背境資料、對方的想法和重點後，然後根據某些重要字眼再詢問較明確仔細的問題，以取得更詳備的答案和決策。

利用這個"漏斗方法"，對方通常會願意與你分享更多資料和感受。

著名的管理學者 Alessandra 與 Hunsaker 進一步提出發問的一些策略，值得領袖、主管參考：

• **要有計劃**：知道自己的目的及需要使用何種發問方式。

- **保持簡單**：每次只問取一個答案，不要同時發問幾個問題。

- **集中焦點**：將問題集中在一個範圍內，直至完全取得所需的資料後，才轉到另一個範圍。

- **避免冒犯**：若在發問時冒犯對方，會破壞彼此的信任和關係，妨礙以後的資訊交換。

- **取得批准**：如果問題的範圍會令對方敏感或者尷尬，那就應先解釋問題的需要及取得對方的允許才發問。

- **避免含糊**：含糊的問題只會產生含糊的答案，例如"你可否盡快給我們一個答覆？"問題內的"盡快"，對不同的人來說，會有不同的理解。

- **避免操縱**：玩弄手段以求取得期望的結果，將會破壞雙方的互信關係。例如主管問下屬："你寧願在這個星期，還是下個星期加班工作？"這是不給對方機會說出原來他完全不喜歡加班工作。

總括來說，每個管理人都應該發展自己的談話、溝通技巧，而懂得發問是有效溝通的重要元素。

辦公室用電話基本法

何順文

電話是用來協助你，而非干擾你完成
工作。

電話是今天商業社會不可缺少的即時雙向溝通工
具。但很多人都忽略了用電話的基本技巧和禮儀。相信
很多讀者在使用電話時也曾遇過一些不快、誤會或浪費
時間的經驗。本文將討論辦公室使用電話的"基本法"，
藉此希望能改善辦公室管理效率，提高個人和機構形
象。

接待員基本法

很多公司沒有制訂一套員工電話使用守則，也沒有
給總機電話接待員提供適當的訓練和督導，忽視了接待

員在機構內的重要角色。事實上，接待員在機構的最前線接觸外界。他們在電話談話時的態度、用字和技巧，都能影響機構的形象、顧客和供應商的信心，甚至生意機會。

下列是公司與它的員工應要留意的電話禮儀和技巧：

(1) 經常留意電話線路或接線生的數目是否足夠。電話長時間不能接通，令來電者浪費時間重撥，甚至會放棄來電。

(2) 接待員必須熱誠有禮，接聽時應首先說出公司名號，令來電者知道已正確撥號，例如："早晨，大發公司"或"午安，大發營業部陳大文，有甚麼可以幫到你呢？"

(3) 假如來電者要找的職員外出不在，接電者應主動詢問對方留下口訊或是否需要其他幫忙。一般來說，未能接聽電話的一方應主動回覆電話，而不應期待來電者再作嘗試。

(4) 接電話者應懂得向來電者詢問適當問題，以便能更有效、準確地將來電轉駁至有關部門或職員。
盡量避免將來電者作"人球"一樣拋來拋去。將來電轉駁至另一職員時，應先向接聽者交代來電者身分和目的，避免來電者要重複多次身分和目的。

私人秘書基本法

很多高層主管都會有私人秘書或助理代為打出和接

入電話，如果秘書處理電話不當，會令其上司尷尬，也會開罪來電者。

除了上述要留意的電話禮儀外，秘書還須留意下列要點：

(1) 有經驗和機巧的秘書，往往會憑來電者的聲線認出對方身分，叫出對方姓名打招呼。但如果未能肯定對方身分，為避免來電者誤會上司"擺架子"或要經過對來電者作出"審查"挑選，秘書切戒先查問來電者姓名，才告訴來電者其上司不在。

(2) 應確定上司可隨時接聽時，秘書才代其撥號打出電話，這可避免另一方在接通電話後，還要久候才能正式通話。

(3) 要找的人不在時，秘書應留下口訊，說明其上司曾來電、回覆的電話號碼及何時對方最適宜回電，這樣可以避免電話"捉迷藏"遊戲。有時如果致電者說明致電目的，或可立即得到幫助解決問題。

其他用電話的禮儀

(1) 當你打電話給對方時，不妨先打招呼介紹自己。例如："早安，我是陳大文，請問李主任在否？"這樣可以避免中間接電者作例行的姓名查詢。

(2) 當你找到要找的人後，除非你估計要談的話很短，否則應禮貌地詢問對方是否方便有時間詳談。對方會欣賞你尊重他的時間安排。

(3) 接聽來電時，為了尊重對方，應該盡快把其他事情擺開，集中電話談話。

如正在與其他人商談重要事情或開會時，應先
掛起電話或啟動"請勿干擾"功能，避免有來電作干
擾。

請記着：電話是用來協助你，而非干擾你完成
工作。

(4) 如對方來電時，自己不便長談，或需要找一些資料
檔案，才能繼續談話，可請求遲些才回電對方。但
就算你們未找到有關資料，切記要在承諾的時間內
回電。

(5) 電話待接(call waiting)為最濫用的電話功能之一。
正在與某人通電時，如有"電話待接"訊號響起，除
非你估計是一個緊急來電，否則不應要正在通話中
的對方等候而接聽另一來電。

無故的"打尖"干擾，會令對方感到煩悶和浪費
時間。事實上，中途來電者如不能接通，他自然會
遲些再來電。

(6) 兩人談話時，因意外中途突然"斷線"，一般來說，
應由原致電者再重撥電接駁，否則假如兩人同時致
電對方時，只會拖延重駁。當然，如果你是對方的
下屬或賣家，就可考慮主動先行回電。

(7) 電話不適宜作"長途"溝通的工具。要停止"喋喋不休"
的電話談話而不欲對方感到尷尬，可禮貌地和婉轉
地表示。你可以說："我現在要趕辦一點事情(或開
會)，遲一些再談如何？"，對方自會領會你的意
思。

上述的建議，可協助你改善個人溝通的技巧和效率，提高專業形象，也能幫助公司增加效率和競爭能力。

3.13

如何提高談判優勢？

謝清標

在提高談判優勢之前，先問問自己的
良心。

　　絕頂的談判高手。當然會因時因地不同，而隨時採
用不同的談判策略，但有些手法，幾乎是放諸四海而皆
準的。

　　首先，在談判的時候，大家應該盡量為對方營造
"競爭對手"。

　　對方的競爭對手越多，對你就越加有利。因為當對
方知道除了自己外，還有其他人想得到你所擁有的東
西，他就不能不忍氣吞聲，接受你開出的條件了。

　　例如，在選購一件時裝時，你不妨讓對方知道，他
賣的產品，你可以在另一家店舖以較便宜的價錢買到，
逼他以較相宜的價錢將產品賣給你。

為對方營造一個競爭對手，不但令對手知道你有
"後路"，使你可以抬高自己的身價；在處於劣勢的時
候，也可以使你反守為攻，令對方不能得寸進尺，可說
無往而不利。

人際關係亦受用

為談判對手營造競爭劣勢，不但在買賣交易的時候
用得着，在人與人之間來往時，也可以大派用場。一個
很好的例子。就是少男少女"拍拖"的情況。

筆者並非鼓勵"一腳踏兩船"，但如果一對男女在
"拍拖"的時候有第三者介入的話，被兩人追求的一方，
即大大提高身價，真可玩弄追求他／她的人於掌上（筆
者在此假設同時被兩方追求的一方，還未全心全意投
入兩段感情，所以不會因為難以作出抉擇而煩惱）。

這個現象的可能成因，至少有兩個。第一，就是同
時追求一方的兩位男性（或女性）互相變成競爭對手，
"供求情況"發生變化，產生"求過於供"的現象。

我們可以想象上述的"拍拖"情況：開始時，一對男
女正進行一項以物換物的交易──交易的產品，是雙方
的"愛"，即一方用自己的"愛"，去換取對方的"愛"。雙
方在供求平衡（supply demand equilibrium）的時候，在
交易過程中互相得到滿足。

但有第三者加入時，被兩方追求那一方的"愛"，便
變成稀有商品，令需求者不得不付出"比一般情況下更
高的代價"，才可以"買"到對方的"愛"。

在求過於供的情況下，處於不利位置的一方，其感覺和知覺(sensation and perception)都會出現委曲(perceptuat distortion)的現象，這即是賓士域(Brunswik)所謂的交易功能論(transactional functionalism)。

心理學的研究發現，要給畫出一個指定銅錢的時候，出身貧困家庭的小孩，所繪畫的銅錢，顯著地比富裕家庭的小孩所畫的為大。賓士域認為，我們對外界事物的感覺，可被形容為一項交易。

為求在交易的過程中得到滿足，我們會委曲我們對外來事物的感覺，以達到心理上的滿足。於是貧困的小孩，會畫出一個很大的銅錢，以自欺的手法，去慰藉自己對錢財的渴望。

同樣道理，在三角戀中，同時追求一方的兩者，都會覺得被追求者比以前美，一舉一動都比以前迷人，令自己心理上覺得，為他(或她)付出更多都是值得的。這就是亞朗臣(Aronson)所謂的自我合理化(self-justification)現象。

聲東擊西

至於營造競爭劣勢的能手，筆者首推美國卡特總統的聯邦預算主管畢蘭士(Bert Lance)。

因為他曾經以 "keep away from me with your lousy money"的手法，令 41 家銀行，心甘情願地向他提供 381 項貸款，總值 2,000 萬美元。

在所有交易中，每一家銀行都認為畢蘭士的信用一定毫無問題，因為其他銀行全都願意和渴望借錢給他。

　　他最有效的技倆，就是令銀行覺得他根本不需要錢。他常常以輕薄的態度處理銀行的信貸建議，令銀行覺得他願意開設一個信用透支戶口的目的，只是給銀行一點好處，或者是打發一些不厭其煩的銀行戶口推銷員。

預備出路

　　總之，在談判的時候。大家要不停地為談判對手，製造競爭劣勢。

　　同時，大家亦要記着為自己預備出路 (options)，避免談判對手以其人之道還治其人之身。

　　最後，筆者希望強調一點，就是採用這個製造劣勢的方法時，大家一定要考慮道德方面的問題。

　　拍拖時"一腳踏兩船"固然能令自己得到優勢，但這個做法是否合乎道德呢？是否會令別人受損呢？

　　這些問題。是我們非慎重考慮不可的。

3.14

"環境設計"營造談判優勢

謝清標

行為心理學派認為，外界環境對人的
行為有極大影響。

　　根據心理學行為學派（behaviorism）宗師史堅拿
（Skinner）等多年研究心得，發現外界環境對人類的反
應會有極大的影響。換言之，如果我們希望改變人類行
為表現，一個很好的辦法就是僱用一批曾受專業訓練的
環境工程師（environmental engineer），利用他們的專
業知識去佈置一個適當的環境以改變甚至支配在環境內
生活的各人的行為。史堅拿等學者認為我們可將每一個
人的思想視為一個黑盒（black box），只要週圍環境的
刺激（stimuli）適當的話，我們自然得到我們希望由他們
身上得到的反應（responses）。

　　姑勿論史堅拿的理論是否與現今之社會道德標準及

價值觀念有所抵觸，但佈置環境以支配談判對手的技倆在某程度上確實可以增加我們在商業上的談判優勢。以下，我們將對環境工程學中較常見的方法予以介紹。

選擇談判場所

首先，在談判的時候，我們應該盡量選擇自己辦公室作為談判的場合，因為我們熟悉自己的地方，有天時地利人和，一切資料在掌握之中，我們甚至可以重新佈置我們的辦公室以增加談判優勢，這樣自然比前往對方的辦公室為優。事實上，對手要移步到我們的辦公室談判，形勢上就儼如有事相求，心理上多少總會有先輸一着，聲勢大減的感覺。倘若我們未能說服對方在自己場地談判時，我們亦要選擇中立的地方舉行談判，切忌在對方的"地頭"洽談重要業務。

場所佈置營造優勢

假如我們可以成功地說服對方到我們自己的場地談判，我們便可以將整個辦公室及場地重新佈置，令對方在環境上有處於劣勢的感覺。以下是一些頗為有趣兼且常見的方法，現細列予讀者參考：

（1）倘若客觀條件許可，我們應該選擇離接待處最遠的房間作為自己的辦公室。深入公司內部的辦公室會令談判對手覺得自己乃重要人物，加上對方要走完長長的走廊後才可以獲得接見，更會令客方覺得自己是有份量的人物，對手往往不期然會產生自卑的感覺。

(2) 我們的辦公室應該大肆裝修，盡量採用所謂高格調、昂貴而有品味的設計以襯托自己在公司的地位。

(3) 辦公室內的辦公桌應該面向房門的方向，自己背窗而坐。窗要很大，陽光從窗外照入，不但令對方感到刺眼，更使對方覺得自己的身體彷彿會發光似的無法仰視，嚴如天神般有至高無上的權威，不可冒犯。

(4) 此外，辦公室桌上應放置一些檔案。同時封面更印有"高度機密"（highly confidential）的字樣，以加強對方認為自己是重要人物的觀念。

(5) 添置一張大型的辦公桌亦會令對方覺得自己是有權勢的人。同時，大的辦公桌可以隱藏自己部分不期然流露的身體語言。

(6) 對方的坐椅應該比自己為低，這亦能在心理上給自己一種超越及勝券在握的感覺。

(7) 房內四週牆壁可掛起一些飾物，如上升的圖表 、獎狀、紀念品等以提高自己的地位。

以上提到的方法亦可應用於談判室的設計。除上述各點外，我們可控制談判室內的溫度、牆紙及地氈的顏色和圖案等去達到我們所期望的氣氛。例如，如果我們希望會談能較融洽的話，我們可以選用圓型的談判桌，和對方靠近而坐，減少目光直接對持；此外，辦公室的主色要用淺黃色，令談判雙方心情感覺輕快。相反，如果需要顯示實力的話，我們不妨用長方型的談判桌，自己坐在桌末（坐在長方型桌兩邊的人通常令人覺得是重要人物或主角），背向窗，坐椅比對方高，房的主色用藍色、綠色或灰色，再加上嚴肅的擺設，必能令對方未開始談判心理上已輸了一仗。

3.15

成功推銷員對時間的看法 謝清標

花時間把甲醇當作美酒賣給客人，到頭來只會自食其果。

一位從事推銷工作的朋友說，推銷成功之道，最重要的因素，是鍥而不捨的精神。意思就是：只要自己相信產品對客人有益有用，推銷員就應該不怕花時間在顧客身上，務求將產品賣給對方為止。希望對方買了產品後生活各方面得以改善。

投資多少時間？

這個觀念有兩個重點：第一點是對自己產品的信念，第二點是和時間有關的，就是推銷員必須決投資多少時間在客人身上。

這兩點其實互有關連。

對產品的信念，是指在推銷某種產品時，推銷員必須對產品有充分信心，認同產品確實對消費者有用（否則他根本不能投入工作，更遑論長久維繫工作的鬥志）。

無信心的意志與毅力，有如在流沙上蓋高樓，是盲目而不切實際的。

當然，一無是處的產品，任何推銷天才也不可能對它產生信心的——所以，切勿花時間去推廣一些自己也不接受的產品。

花時間把甲醇當作美酒賣給客人，到頭來只會自食其果。

總言之，時間是不應該花費在說服客人購買不合用的商品上的。相反，推銷員應該好好利用時間尋找銷售對象及將產品推銷給有需要的顧客。

覓得銷售對象後，推銷員必須相信自己的產品，不惜時間代價誓將產品賣給對方。

不買不買？始終會買！

有時客人可能堅持不買，但推銷員必須了解：現在未能將產品賣出，不是因為產品有問題，只不過是時機未到而已。

時機未成熟，可能是客人未完全了解個人需要，也可能是自己表達能力有問題，未能令對方領略到產品可以給他的好處。

這樣，推銷員必須作適當的自我檢討，然後重新部署，毫不氣餒，由頭開始。

推銷員必須經得起時間考驗，深信終有一天他可以成功地將產品介紹給對方，正如麥當勞的創辦人 Ray Kroc 的座右銘一樣，堅持到底：

Nothing in the World Can Take
　　the place of persistence.
Talent will not; nothing is more common
　　than Unsuccessful Men with talent.
Genius will not; unawarded Genius is almost a
　　proverb.
Education will not; the world is full of educated
　　derelicts.
Persistence and determination alone are omni-
　　potent.

最佳推銷時間

除以上兩個信念外，推銷員必須認識到甚麼時候才是推銷的最佳時候。

一般的理想推銷時間，是顧客用餐後。因為心理學的研究，發覺一個人最易相處的時間，一般都是用膳後。

此外，推銷員應該避免星期五下午、放假前夕或放工前向顧客推銷產品，因為客人正想回家用膳，或準備度假，或有其他社交活動，未必有心情和你討論生意問題。

總言之，最佳的推銷時間，就是當顧客最開心的時候。

　　例如閣下與某公司有項長期合約，談續約的時間，未必是合約期滿的時候。

　　討論延長合約及各方面細節的最佳時機，可能是對方剛剛升職後。

　　反過來說，有時客人最不開心的時刻，也很可能是完成交易最好機會。例如顧客剛剛由長期供應商處收到一批有問題的貨物，令他大為頭痛，你便應立刻和這位顧客洽談，解決他們的問題，表示希望能夠有機會為他們提供長期的服務。

　　另外，懂得利用限期，也是完成交易的一項主要工具。

　　例如你可以通知客人：如果不在某月某日之前下訂單的話，產品的價格將會調高某個百分點。

　　最後，懂得分配時間及守時，對推銷員也是十分重要的。失敗的推銷員，往往對掌握時間都有很大的問題。

　　所以，一個好的推銷員，應該為自己訂立每天的工作時間表，盡量依時間表做事，有效地運用每一秒鐘。

成功經理啟示錄

4

企管培訓教育

革新中的 MBA 課程

饒美蛟

> 今後的 MBA 課程,會更趨向實用、嚴謹和合理。

70 與 80 年代,可説是各國 MBA 的黃金時代。以美國為首的西方國家,經濟好景,企業需要大量的管理人才,特別是來自一流大學的商學院畢業生,MBA 學位於是供不應求。

由於學子對 MBA 趨之若鶩,世界各地知名與不知名的院校,都紛紛設立 MBA 課程,美國的 MBA 課程更是數不勝數,形成了 MBA 泛濫。

平心而論,限於師資、圖書設備以及學生本身的學術根基薄弱等,某些院校的 MBA 課程,質素上確是有問題。80 年代後期為 MBA 的高峯期,迄至 1991 年,修讀 MBA 課程的學生開始略有下跌。其後若干院校對

MBA 課程進行革新，1993 年開始，報讀人數又再回升。

來自各方的批評

對外國（尤其是美國）MBA 課程的批評，過去一向就有，但近年特別嚴厲。有的批評來自商界主管，有的則是來自商學院任教的學者。

批評的焦點是：各院校培養出來的 MBA 人才，不能滿足商界的要求。

簡單來說，商界所需要的企管人才，要具備以下才能：領導技巧、解決問題的能力、能與人溝通，以及團隊合作精神。

在學者當中，近年批評最激烈的首推加拿大 McGill 大學管理學著名的閔滋伯教授（Henry Mintzberg）。閔氏認為："MBA 課程訓練出來的畢業生猶如僱傭兵，除了少數例外，他們對任何行業或企業都沒有承諾心。這種 MBA 課程創造了一套錯誤的企業價值觀。"

閔氏對鼎鼎大名的哈佛商學院的"純"案例教學法批評至為猛烈。他認為案例方法，只訓練人們對自己幾乎一無所知的事務發言（見 *MBA Newsletter*，1993 年 11 月）。

此外，亦有批評者認為哈佛商學院的案例教學法是強調個人表現，不重視團隊工作（teamwork），其強逼評分法（每班低成績的學生便佔了 10%），助長了個人競爭而不是團隊合作，因而導致企業不良的後果（見 *Business Week*，1993 年 7 月 19 日）。其他對 MBA 與 BBA 管理教育的批評有：課程的割裂性、畢業生溝通技巧差以及缺乏商業道德等。

革新措施

針對這些批評，各著名商學院進行了省思，並對 MBA 課程進行一系列革新：

(1) 按綜合性（integration）原則設計 MBA課程，而不是按職能（function）獨立分科講授，其中卓有成效的有美國的 Babson 學院等。Indiana 大學商學院亦進行課程重整與綜合，減少重複的地方，使教材更合邏輯。

而哈佛大學商學院 MBA 第一年 11 門必修課，亦濃縮為 4 門綜合性課程（見 *MBA Newsletter*，1993 年 11 月）。

明尼蘇達大學 1993 年 9 月開始 MBA 課程綜合化，分為 3 個 "核心"：基礎核心（Foundation Core）、職能核心（Functional Core）和領導才能核心（Leadership Core）。

(2) 重視團隊合作精神，建立團隊文化，已成為各 MBA 課程的一個主流思想。

Indiana 大學要求學生分組，在課室內外均進行合作。哈佛大學亦對一年級 MBA 的 team projects 增加 25%，並規定團隊合作的研究計劃，應達到一個最低數目。此外，亦改變了學科的評分法，減少目前學生的劇烈競爭狀況。

(3) 重視學生的"軟性"技巧(soft skills)訓練。美國若干大學已在精心設計一些有關課程(特別是行為科學學科方面)，並進行試驗，例如透過學期研究計劃、課堂報告、人際活動等方法，對領導才能的軟性技巧進行訓練。

　　香港中文大學工商管理碩士課程，也要求新入學的二年制全日生參加一項由外展訓練學校開設的課程，為期 5 天，以訓練學生的毅力、領導才能與團隊精神，效果顯著。

(4) 重視商業道德的訓練：重視商業道德是世界各地MBA 課程的一大趨勢。

　　法國 ISA 的 MBA 課程，甚至採用一套新穎的方法，就是把學生送到阿爾卑斯山的一所寺院進行道德訓練。該校不認為在一些 MBA 課程中加上道德觀念的探討，就能夠使學生變得更有商業道德。

(5) 重視溝通技巧的訓練：美國的 Darthmouth 大學Tuck 商學院及紐約大學，均聘有專責教授負責管理溝通技巧的講授。

(6) 課程的全球化(Globalization)：美國各商學院在負責審訂質素的機構 AACSB 的指引下，已紛紛把各課程變得更為國際性、全球化，這趨勢在 80 年代中已開始。

　　目前享譽甚隆的倫敦大學商學院(LBS)與法國

INSEAD，不論在課程或學生成分，均以國際性作標榜。

　　以上是幾個當前 MBA 課程發展的大趨勢，是對批評者的一個回應。

　　可以預見，今後 MBA 課程會更趨向實用化、嚴謹化和合理化的道路發展。

4.2

MBA 教育新趨勢
饒美蛟

以顧客爲取向的 MBA教育，實務性
很強，已在北美的大學普及並成爲主
流。

　　筆者"革新中的 MBA 課程"一文，目的在使莘莘學
子（或準 MBA 學生）了解近年外國 MBA 課程改革的新
動向。

　　本文是從一個較綜合的角度來觀察 MBA 的幾個新
趨勢，作爲前者的補充，以供各位讀者參考。

4 項新趨勢

　　MBA（全名為工商管理碩士課程）源於美國，而這
幾年來對 MBA 課程進行大幅變革的也是美國。本文主

要以美國作為探討對象，但也旁及加拿大的 MBA
教育。

粗略而言，MBA 教育的新趨勢有下列數項：

1. 課程改為以顧客為取向

MBA 課程的主要顧客，是聘請 MBA 畢業生的商
業機構。

自 80 年代以來，商界批評美國的商管碩士課程是
割裂的，既缺乏綜合性，亦不注重國際層面。而畢業生
的缺點則是：軟性技能(soft skills，例如領導才能)不
足，而且溝通能力差、不合羣及缺乏商業道德等。

從 1989 年開始，不少美國商學院對本身的 MBA
課程進行了全面及深入的檢討，而加拿大若干商學院亦
有進行同樣的工作。

近兩三年，北美的商學院已紛紛推出新的 MBA 課
程，這主要是針對舊有課程的缺失或不足而改革。

課程改革最著名的是賓夕凡尼亞州大學(University
of Pennsylvania)的華爾頓商學院(Wharton School)。
該學院於 1991 年實驗一項新課程，在 1993 年全面實
施並受到廣泛嘉許。

華爾頓商學院亦於 1994 年被美國的《商業周刊》
(*Business Week*)評為全美"20 家最佳商學院"之首，此
與它的嶄新課程設計不無關係。

《商業周刊》認為，華爾頓商學院進行大膽、徹底及
創新的課程改革，是美國其他精英商學院所不及的(見
美國 *The MBA Newsletter*，1994 年 11 月)。

2. 新型小專業（new compact specialization）MBA 課程的興起

美國幾家精英 MBA 院校的規模都相當龐大，每年招收的 MBA 新生數以百計。就以華爾頓商學院為例，它在 1994 年招收了大約 750 名新生。

一些規模較小的商學院，如要在競爭劇烈的 MBA 市場中脫穎而出，就必須另闢蹊徑。

由於科技對企業運作的影響越來越大，近年來，"科技管理"（Management of Technology，簡稱 MOT）是極受商學院重視的一門學科。

所以，一些商學院特別開設與科技管理結合的 MBA 課程，而修讀者以工科的大學畢業生或有技術背景的企業主管為主，這類課程的表表者便是美國紐約州的 Rensselear Polytechnic Institute（RPI）。

至於其他學科方面，以創業學（entrepreneurship）聞名的有 Babson College，以資訊（MIS）及質量管理稱著的，分別有亞里桑那大學（University of Arizona）和田納西大學（University of Tennessee）的 Knoxville 校區。

美國小型專業 MBA 的發展可説是一種專業的分工，大規模的商學院主要為來自全球各地的學生提供通識（General）MBA 課程，而小型專業 MBA 課程則針對區域的特性，兩類課程的成績同樣顯著。

3. 修讀年期縮短

在北美地區，傳統的全日制 MBA 課程，不論申請人在大學時是否主修工商管理，一律都要修讀兩年才能畢業。但是也有少數例外的，例如 University of Pittsburgh 的 Katz School，它的全日制 MBA 只需修讀 11 個月。

在這兩三年，不少商學院的碩士課程都將修讀年期縮短至一年或一年半。例如加拿大的 UBC（University of British Columbia），已準備在 1995 年起把課程縮短為一年半。而皇后大學（Queen's University）則決定於 1996 年起，把原來 20 個月的 MBA 課程濃縮至 12 個月（見 *Toronto Star*，1994 年 9 月 6 日）。

至於美國的 Pittsburgh 大學則把原來 11 個月的碩士課程，改為 6 個組別（modules）的課程，每個 modules 授課 7 周，總共 42 周。

此外，校方又在開課前舉行為期 3 周的過渡課程（transition），內容是環繞學生在各個領域的才能並進行評估。在課程結束前，學生要參加 3 至 9 個 workshops，主要是針對個別學生較弱的才能領域進行改善。

這種以顧客為取向的 MBA 教育，實務性很強，已在北美的大學普及並變為主流。

4. 行政人員碩士（EMBA）課程的全面展開

這類 EMBA 課程主要是給有多年管理工作經驗（一般在 7 年以上）的企業高層主管修讀，主要為部分時間課程，修讀時間比傳統部分時間制的 MBA 為短，通常需要兩年。

EMBA 課程的申請者一般不需要有 GMAT 成績，例如芝加哥大學（University of Chicago）及西北大學（Northwestern University）的 EMBA 課程，都沒有硬性規定申請人必須考取 GMAT。

至於香港中文大學在 1993 年開設的全港第一個 EMBA 課程，每年有眾多申請者，他們的平均管理工作經驗超過 10 年，而且均是公司高級管理層人員。由於校方每年只收取 36 名學生，向隅者不少。

中大的 EMBA 與歐美一流大學的同類課程，發展方向可說是大致相同，而它的課程特色就是結合了亞太地區（特別是華人地區）企業的運作。

4.3

培訓未來的管理人才

何順文

當創意與有效管理結合時，才能變成
財富。

無可否認，管理人才是香港社會的重要資源之一。
正如英國著名管理教育學者干斯基堡（J. Constable）曾
説："只有當創意能與有效管理結合時，才能變成財
富"。

雖然在過去二、三十年，香港已一直在積極培訓管
理人才，但隨着政治、社會及科技環境之迅速變遷，
國際競爭局面愈加激烈，企業組織和業務趨向更龐大複
雜，加上管理人才不斷外流，面對未來，我們也就需要
努力及適當地培養企管人員，確保他們能應付將來各項
新挑戰。

教育要重量重質

在近幾年來，香港政府亦已迅速擴大高等教育學額，而本科管理教育將會是整個擴展計劃中最重要的一環。在過往幾年中，申請入讀工商管理課程的學生人數極之踴躍，在很多院校都成為成績優異申請人的首選學科，反映出對有關課程的需求甚殷。

但另一方面，管理教育絕不能重量不重質。究竟理想的未來經理是怎樣模式的？他們應該具備甚麼質素和條件？大學商學院應如何着手培育下一個世紀的經理人員？這都是值得我們關注的。

事實上，近年已有一些人士（包括僱主和商學院師生），感覺到傳統的企管課程模式有很多不足之處，並經常提出一些批評和建議。例如他們覺得現存的課程模式太着重理論和科學化分析技巧，與一般商業實務和管理工作脫節。亦有一些企業主管認為大學商學院的畢業生較欠缺概念性、領導性和人際性技巧。

僱主對管理人的要求

究竟香港工商界所期望的企業畢業生是具有甚麼特質的？其遴選畢業生為受訓主管的準則為何？筆者曾訪問多家香港工商機構的人事主管，藉此了解他們對上述問題的看法。以某國際知名的電腦公司為例，他們需要較"全面"的青年經理，最重要的4個條件為：良好的溝通技巧、智能學識、具彈性及有領導才能。他們也特別着重受訓主管之應變能力，必須樂於接受新意念。

在選聘見習主管時，可列世界 10 大之一的某銀行表示他們會重視申請人的校內學業成績，因他們相信學業成績能反映個人對工作之承諾和自我約制力。除學業成績外，該銀行同樣要求應徵者具備 4 個條件：有領導才能、成熟、具創造力，及對組織和工作有承諾。再者，準見習主管必須懂得小組工作及人際關係的技巧。

再以被列為世界最優秀航空公司之一的某公司為例，他們同樣重視應徵者的學業成績，另外亦要具備下列特質：全面懂得計劃將來、關注世界及本地社會事務、具備良好的雙語溝通技巧、有領袖才能、關心同僚和下屬感受、有遠見和創造力，以及開放和不斷求知的態度。

通才訓練

綜合來看，我們可以看到，工商界僱主不但要求商管畢業生有一定的學術知識，也重視他們的管理信念和領導與對人技巧。我們期望新一代的管理人，不單要有分辨和解決實際複雜問題的能力，更須具備遠見視野、判斷決策、創造機會、承擔風險和付諸行動的才能。而這些也是現存大多管理課程有待改進的地方。

相信香港未來工商管理教育的發展，將與美加大學商學院類似，會朝着下列幾個主要方向進行改革：

（1）加強理論與實際結合；

（2）着重不同管理職能和分科的整合；

（3）加強國際層面和文化差異的認識（特別是有關亞太及中國地區的內容）；

（4）加強學院和工商界聯繫合作交流；

（5）資訊科技應用及與競爭策略之配合；

（6）重視分析政經環境和商業道德的訓練；

（7）加強領導及人際性等"軟性"技巧訓練，重視綜合性的訓練，以求成功訓練出一個通才經理。

　　長遠來看，香港的商學院應能勇於創新，敢於突破傳統的課程結構，全面重整翻修課程。除了要借鑒及吸收歐美先進國家商學院的成功經驗外，也要結合本土的實情和特色來設計課程。

4.4

遙距 MBA 課程的疑惑

何順文

長遠來看，仍要依賴學員及僱主自
己，將未合理想之課程逐漸淘汰。

近年當大家打開報章時，會發現很多外國大學與本
地機構合辦的遙距 MBA 課程廣告。目前香港及一些其
他亞洲地區正掀起一股進修"遙距 MBA"的熱潮。

在香港，獲正規認可 MBA 課程學額一向不足，特
別是在職兼讀課程，入學競爭十分激烈，只能讓少部分
有優異學歷、經驗背景及 MBA 入學試成績的人士入
讀。另外，也有不少人擁有進修正規 MBA 課程的入學
條件，但未必願意返回院校進修，很明顯，離職進修全
日制 MBA 的"機會成本"實在很大，其中包括學費及放
棄自己目前之事業成就和收入。前赴外國進修之費用更
為昂貴，並非一般年輕經理所能負擔，而一些公司本身

亦可能不鼓勵某些被重用的年輕經理人員因要進修而離職。

遙距課程的局限

欲進修的年輕經理另一個考慮當然是兼讀 MBA 課程，利用晚間或週末上課，維持兩至三年。但對一個日理萬機、工作繁忙和要經常離港公幹的經理人員來説，兼讀形式可能仍有一些困難和壓力。當然，亦有一些人認為傳統院校的 MBA 課程太學術性和功課考試壓力太大，因而考慮"另類"較具彈性和自由度的遙距課程。

理論上，遙距課程並不適合香港的特殊環境。香港本身為彈丸之地，人口集中而且交通運輸也算十分便利，工餘到學校上課並無特別技術上的困難，個人只要能得到僱主和家庭的支持及合作，再加上本身能有效分配時間，似乎進修正規兼讀課程最為實際有效。但很可惜，由於資源昂貴，很少外國大學願意在香港投資開設正規兼讀課程。

無疑，遙距課程如辦理妥善，在某程度來看可補充香港正規大專教育的不足。但無論如何，雖然一些遙距課程主辦機構大力宣傳這類課程之優點，我們也承認正規課程仍有未完善之處，但亦必須明白遙距教學始終有很大的局限，其教學效果仍不能與正規學院課程相比。

事實上，在一些管理科目（如管理學、組織行為學、市場學及企業策略等），尤其重視學員與導師及學員間的互相討論交流，並需訓練學員之團隊合作精神、領導能力、思考應變，和溝通表達等人際技巧。而這些訓練也是遙距教學所不能提供的。優良的管理教育，絕非是只靠自修、間中可有可無的研習討論，和傳統考試所能取代。因此，遙距教學只能被視為一種"退而求其次"的教育。

MBA 遙距課程質素參差

再環顧香港目前的各類遙距 MBA 課程，亦發現存在很多其他問題。現時大部分這些課程皆是外國一些大學(有香港政府認可和不認可的)與本地一些機構(包括牟利公司、專業團體、大專學院校外進修部等)掛鈎合辦(類似專利經營性質)。由於大部分經營遙距課程的機構是以公司或社團名義註冊，沒有正式定期上課集會或直接頒發學位，因此不受目前教育條例監管。

開始這類課程的海外大學之背景和學術水平也十分參差，大部分為一些完全不見經傳的"大學"(很多甚至是"紙上大學"，即在所註冊地也沒有校園)，開設的課程一般皆為收費奇高、素質低和容易過關畢業等。當然，我們不排除有個別課程乃由一些正規大學主辦，而且課程內容充實新穎，要求亦頗嚴謹，但這些畢竟佔很少部分。

根據筆者得到不少有關課程的資料顯示，大部分這類課程皆十分簡陋，鮮有跟從或參考一套公認之 MBA 課程設計概念和模式，而是屬於時謂"拼盤式"辦學(即有甚麼教材或導師就要求學員修讀該等科目)。也可能

是為了適應市場和吸引更多人修讀，很多這類課程不但
入學條件甚低，修讀年期甚至比一般正規全日制或兼讀
課程之修業期還要短，可想而知其課程素質低下。

　　另外，大部分這類課程的招生和日常操作，皆是靠
本地合作代理機構負責。如要辦得成功，就必須向學員
提供足夠之支援服務，例如功課輔導、小組討論和論文
指導。但由於這類機構多為牟利性質，缺乏對管理教育
的全盤認識，也不了解學員之困難和所需；且設備簡
陋，對學員也不能提供足夠之支援。結果導致不少學員
向報章提出種種投訴，甚至中途退學。另外一些雖獲一
紙文憑，但求職時有關院校不獲僱主承認，結果浪費了
寶貴時間和金錢。

正視與檢討

　　面對這個 MBA 教育"第二市場"的種種問題和發展
方向，我們實有正視檢討之必要。當然，從市場自由和
學術自由的角度來看，讓私人自由辦學本應可提高學術
水平，也能補助正規院校課程之不足。但以目前發展來
看，這類遙距課程的泛濫已令不少"顧客"不滿，也令香
港之 MBA 學位迅速膨脹，長遠來說，對學員和僱主皆
無好處。

　　上述問題近年來已引起不少人對這類課程提出質
疑，甚至有立法局議員提出用法例來監管這類課程，以
保障學員的利益和維持大眾對 MBA 學位的信心。

　　但筆者認為長遠來看，較有效的控制方法，仍要依

賴學員及僱主自己，多關注有關問題和作出精明判斷，透過市場的信譽口碑，將一些完全未合水平之課程逐漸淘汰。另外，我們必須重新檢討香港 MBA 教育和私人辦學的政策，鼓勵政府及商界領袖撥出更多資源來開辦高質素的深造管理課程。

4.5

美加 MBA 排名榜的
美風波 饒美蛟

在閱讀不嚴謹的排名榜時，學子應要
特別留意。

《商業周刊》(*Business Week*)於 1994 年 10 月 24 日
公布了該刊對美國商學院所作的商管碩士(MBA)排名
榜。自 1988 年開始，《商業周刊》便每兩年對美國各大
商學院的 MBA 進行一次評核，1994 年已是第 4 次
了。

《商業周刊》所用的方法是在各主要開辦 MBA 的院
校中，選出其中最佳的 20 家商學院("20 大")，並加
以排名。

對某些院校來說，能夠躋身"20 大"已是一項很崇
高的榮譽，當然院校在排序方面也有很大的競爭。

此外，《商業周刊》亦根據企業的回覆問卷，對各院

校的下列 4 項 MBA 科目進行首 5 位的排名：一般管理
（General Management）、市場學（Marketing）、財務學
（Finance）及生產學（Production）。

"20 大"排名的影響

自 1988 年起，《商業周刊》的 MBA 排名榜，給美
國的主要商學院造成很大衝擊。

第一、能否進入 "20 大" 及其排名的先後，會影響
院校的收生人數。上榜或排名較佳的院校，報考的學生
人數會激增，並有機會錄取更多好學生，反之則有負面
影響。

第二、排名榜對院校的行政與教學人員造成壓力。

傳統評定院校的方法是以學生素質、教授陣容、研
究成果及設備等為主要指標。但《商業周刊》只根據兩個
指標：一、新近畢業生對課程與教學的評價；二、企業
僱用機構對畢業生表現的評價。

由於《商業周刊》的排名受重視，美國 Emory
University 的艾斯伯（Kimberly Elsbach）與 Stanford
University 的卡馬（R. Kramer）完成了為期一年的研
究。

兩位學者發現，倘若《商業周刊》的排名榜與院校現
行的做法或方針不同，便會產生"認同危機"。因為面對
不利的排名榜，院校的反應大致會有下列三種：有的認
為"排名不公平"（不能反映實際的名次），有的則認為
"沒有威脅性"或說"排名毫無意義"，但也有的認為"排

名動搖了有關人士的信心。"(見 AACSB《MBA 通訊》，1994 年 5 月)

不論反應如何，有關院校在不同程度上都重視《商業周刊》採用的兩項評定指標："以學生為本位"及"顧客取向"；並相應採取一些措施，例如修訂 MBA 課程，或加強畢業生的就業輔導服務及作更大的支出。

儘管院校對《商業周刊》的排名結果反應不一，有些認為採用的指標過於偏頗，但未對調查的統計方法提出質疑，並認為前後 4 次的調查方法一致。從這個意義來說，《商業周刊》的排名榜是極有參考價值的。

《加商》排名榜的爭議

可是，加拿大的《加拿大商業》雜誌(*Canadian Business*，簡稱《加商》)，對加拿大院校的 MBA 所作的排名榜則引起了很大爭論。

《加拿大商業》於 1992 年 4 月公布了第一次 MBA 排名榜，並摹仿《商業周刊》列出 "20 大"(當年加拿大只有 26 家大學開設 MBA)。

《加商》的第一次評定指標是：(1)院長的排名；(2)學生(如錄取率、成績、需否面試、工作經驗等)；(3)教員(擁有博士比率、商業諮詢經驗等)；(4)課程；(5)畢業生。

根據上述指標，如果用嚴格的統計方法來做，在一定程度上應該是可以接受的。但該刊的第一次排名公布後，卻引起了加拿大院校商學院的嘩然！

筆者於 1992 年 5 月，即接到英屬哥倫比亞大學（University of British Columbia）商學院院長高柏（Michael Goldberg）致校友的一封親筆簽名信（筆者為該校的 MBA 校友），並附上一封致《加商》信件的副本及 21 名院長的"公開聲明"。

　　公開聲明表示，《加拿大商業》所用的分析方法及資料並不足夠，甚至不可靠，21 名院長並一致表明："不願與有關的調查和排名發生任何關係"。

　　高柏在致《加商》的信件中指出，該刊並未聽取加拿大商學院長協會（Canadian Federation of Deans of Management）的意見，並進一步指出排名榜其中一項極不合理的地方是：在《加商》的排名榜中，西安大略大學在"院長"、"僱用者"及"學生"3 項的前 5 名排名中均佔首位，但卻在"20 大"中屈居第 2；而多倫多大學在上述 3 項的排名分別是第 2、第 5 及"不在前 5 名內"，但總分卻在排名榜的首位。（按：筆者查閱，21 名院長的"公開聲明"中，不包括多倫多大學的院長。）

　　其他的批評還有：加拿大的環境與美國不同，只有 20 多家大學開設 MBA（美國則超過 1,000 家），所以發表"20 大"排名是否有必要？而且《加商》對加拿大商學院長協會的技術建議置若罔聞。其後，該協會更發表公開信給會員，表示杯葛《加商》的排名榜調查，及不提供任何資料予該刊。

　　高柏與菲敏（Karen Fleming）於今年 8 月的《MBA通訊》上發表了一篇文章，指出《加商》於 1993 及 1994 兩次的排名調查中，沒有得到商學院院長的任何支持，而且調查方法也不一致。

1992 年的排名榜，以有關的"投入"(inputs)資料計算。1993 年則改用"利益有關者"(stakeholders)，如學生及僱主等資料為依歸，結果多倫多大學的排名由1992 年的首位降至第 4 位。

而 1994 年採用的方法又與以前的不同，只以少數企業培訓主管人員的意見為準，而後者對整個加拿大商學院的課程所知有限，結果多倫多大學再跌至第 7 位。

兩位學者又對《商業周刊》與《加商》兩份商業雜誌作了一些評價：對《商業周刊》評定的嚴謹性大為推崇(例如樣本的設計及樣本的回收率等)，但對《加商》的可信性則大肆鞭撻。證諸《加商》公布排名榜後所得到的負面反應，亦可反映其調查結果的可信性及權威性。

所以香港的莘莘學子在閱讀不嚴謹或兒戲從事的院校排名榜時，應要特別留意，並作細心的分析。

成功經理啓示錄／何順文，饒美蛟主編. -- 臺灣
初版. -- 臺北市：臺灣商務，1996﹝民85﹞
　　面 ； 公分
　　ISBN 957-05-1262-8（平裝）

1. 企業管理

494　　　　　　　　　　　　　　85001932

成功經理啓示錄

定價新臺幣 300 元

主　　　編	何順文　饒美蛟
策　　　劃	廖　劍　雲
責任編輯	黎　彩　玉
發　行　人	張　連　生
出　版　者 印　刷　所	臺灣商務印書館股份有限公司

　　　　　　臺北市重慶南路 1 段 37 號
　　　　　　電話：（02）3116118・3115538
　　　　　　傳眞：（02）3710274
　　　　　　郵政劃撥：0000165－1 號
　　　　　　出版事業：局版臺業字第 0836 號
　　　　　　登 記 證

• 1995 年 7 月香港初版
• 1996 年 4 月臺灣初版第一次印刷
本書經商務印書館（香港）有限公司授權出版

ISBN　957-05-1262-8（平裝）　　　　　b 51213000